于淼 田坤 赵愈 著

装配式建筑
项目调度模型与方法

U0353445

化学工业出版社

·北京·

内容简介

本书以装配式建筑项目为研究对象，分析装配式建筑资源调度的背景，提出装配式建筑资源及其调度的概念，阐述装配式建筑资源均衡、资源受限、多执行模式调度、资源鲁棒性问题及优化方法，将模型及方法应用在装配式建筑项目生产、运输、施工等空间，力求解决在这些应用领域存在的调度问题。

本书可作为装配式建筑项目实践工作人员和项目管理人员的决策参考书，也可作为管理科学与工程、土木工程及其他相关专业师生的学习参考书。

图书在版编目（CIP）数据

装配式建筑项目调度模型与方法/于淼，田珅，赵愈著. —北京：化学工业出版社，2022.1（2022.11重印）
ISBN 978-7-122-40055-0

Ⅰ.①装…　Ⅱ.①于…②田…③赵…　Ⅲ.①装配式构件-建筑施工-调度模型　Ⅳ.①TU712.1

中国版本图书馆 CIP 数据核字（2021）第 206217 号

责任编辑：董　琳　　　　　　　　　　　装帧设计：关　飞
责任校对：李　爽

出版发行：化学工业出版社（北京市东城区青年湖南街 13 号　邮政编码 100011）
印　　装：涿州市般润文化传播有限公司
710mm×1000mm　1/16　印张 10½　字数 157 千字　2022 年 11 月北京第 1 版第 2 次印刷

购书咨询：010-64518888　　　　　　　售后服务：010-64518899
网　　址：http://www.cip.com.cn
凡购买本书，如有缺损质量问题，本社销售中心负责调换。

定　　价：85.00 元

　　装配式建筑是指在施工现场将已在工厂预制完成的构件组装而成的建筑。近年来，随着我国大力推广装配式建筑，使建筑行业的生产模式产生重大变革。这种施工方式减少了现场施工对环境的污染，同时又能节约资源消耗，促进劳动生产效率的提高。装配式建筑的发展促使建筑业与工业信息化融合更加紧密，萌发新兴产业，淘汰过剩产能。但就目前的发展形势来看，装配式建筑在我国发展较慢，究其主要原因在于和传统现浇建筑方法相比并没有明显优势。装配式建筑项目现有的调度方法直接采用传统现浇建筑项目方法，缺乏可操作性，变动较大。在执行项目调度计划时，忽略装配式项目调度的多维作业、多执行模式以及不确定性等特点，造成项目总体工期偏长，资金成本较高等问题，限制了装配式建筑的发展。因此，在设计装配式项目调度计划的过程中，深入研究项目中具体的施工特点，选取快速有效的调度方法，对于推动装配式建筑发展具有十分重要的意义。

　　本书通过分析成熟的项目调度理论与方法，将其运用到装配式项目资源调度优化领域，重点研究资源受限及资源均衡两类调度问题，涉及人力资源、设备等可更新资源的调度优化，构建相应的数学模型，提出实用有效的算法，有效利用计算机智能技术对相关模型和方法进行仿真和验证，为装配式项目管理决策提供理论和方法。此外，本书注重实际案例的应用，在讨论装配式项目调度关键问题的同时，相关问题以实际的装配式建筑工程项目案例为实验对象，将理论成果应用于实际案例的验证。通过研究成果的实际应用，提升装配式项目调度的运作效率，实现"生产—装配—管理"一体化的现代企业管理模式，使装配式工程项目在建造过程中发挥自身优势的同时能有效提高建造效率，降低项目的建造成本。

　　本书是著者多年从事项目调度管理、装配式项目实践研究的成果。在本书的撰写过程中，引用和参考了国内外项目调度方面的文献和书籍，结合国内装配式建筑项目的实际案例，并进行实践分析。前人相关的研究成果是本研究工作的基础，在此向相关作者表示诚挚的感谢！本研究得到国家自然科学基金项目（71701137）、辽宁省自然科学基金项目（2019-ZD-0296）和辽宁省教育厅科学研究项目（lnqn202029）的资助。沈阳建筑大学管理学院的李庭苇、王洋、谢武、徐宁、杨怡莹、张梦婷参加了相关课题的研究工作，并且对书中内容进行了整理，在此一并表示感谢！

　　鉴于著者水平有限，书中难免存在不妥和疏漏之处，恳请读者指正。

著者
2021 年 7 月

目录

第 3 章
装配式建筑工程资源均衡模型构建方法 / 053

第 4 章
装配式建筑项目资源均衡方法 / 072

第5章
装配式建筑资源受限调度方法 / 087

第6章
考虑学习效应的装配式项目资源受限调度问题 / 109

第 7 章
多模式下装配式资源受限项目调度方法　/ 120

第 8 章
鲁棒性装配式资源受限项目调度方法　/ 135

第 1 章

绪论

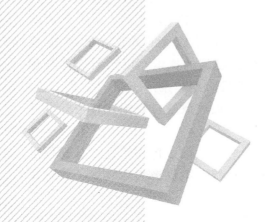

1.1 研究背景及意义

1.1.1 研究背景

长期以来，我国建筑行业普遍采用的施工类型是较为传统的粗放型建筑模式。随着建筑市场的日臻完善，装配式建筑越加受到重视。装配式建筑具有施工效率高、施工周期短，人工成本低，能源消耗少等诸多优势。2020年8月住房和城乡建设部、教育部、科学技术部等部门颁发《关于加快新型建筑工业化发展的若干意见》，要以新型建筑工业化带动建筑业全面转型升级，并提出加强系统化集成设计、优化构件和部品部件生产、推广精益化施工、加快信息技术融合发展、创新组织管理模式、强化科技支撑、加快专业人才培育、开展新型建筑工业化项目评价、加大政策扶持力度等意见。此外，由于劳动力成本的上升，预制构件的加工精度与质量、预制装配式施工技术和管理水平的提高，在各种因素制约与科技进步的共同作用下，促使装配式建筑的应用呈现快速发展的态势。因此，装配式住宅是我国在建筑业领域改革的方向。

在装配式建筑各阶段中，构件生产阶段的模具利用、人员配置，运输阶段的车辆调度、路线选择优化，装配阶段的作业人员、吊装机械的配置对项目调度成本影响较大，因此，提高资源利用率，减少项目调度成本具有重要意义。

装配式建筑（prefabricated building）指建筑物的各个组成结构构件不需要现场制作，而是预先在预制现场或加工厂制作好送至现场进行起吊、安装、连接等工作。早在20世纪60年代，美国、日本和西欧等国家较早地发展装配式建筑，并且取得了较大的成就。早在20世纪50年代，我国就已开始着手装配式建筑的探索，以预制构件与预制装配为主；80~90年代处于快速发展时期，推广了新的生产工艺，构建预制装配式框架体系，颁布一系列促进政策，装配式住宅标准逐渐建立。

装配式建筑生产效率高，能够减少50%以上的用工量，从而促进建筑行业产业化升级。相较于传统建筑施工不仅极大地减少了建筑垃圾、噪声、粉尘污染、保护环境,而且由于预制构件在工厂已经完成生产,可以降低现场的施工工期。施工现场也是模块化施工,施工责任明确,从而保证了装配式建筑的质量稳定和结构安全性。装配式建筑品质高,污染少,规模化和绿色可持续等优势,得到世界各国的一致认可与实践,使其必将成为未来建筑行业的发展趋势之一。

目前,国内的装配式建筑还处于初步发展阶段,建筑工业化率仅为7%左右,市场尚未成熟,参与主体之间联系不密切,积极性不高,集成化管理难度较大,且与传统的现浇式建筑相比前期建设成本过高。此外,建筑工程的项目施工中时常会遇到资源供应不及时、设备临时故障以及人员操作不规范等更加复杂多变的干扰。这些问题不仅会影响调度计划的执行,造成工程延期,而且可能影响与之密切联系的其他环节,造成项目整体的损失。

装配式项目建造分布于生产车间、物流运输、现场装配等多维作业空间。从设计到构件部品生产再到现场组装,需要多个利益相关方的协调配合。与传统建筑不同,装配式建筑的每个环节不再是独立分工的,更需要协同合作,强调标准化的设计、标准化的流程和标准化的组织管理。其中构件工厂生产预制构件环节、预制构件运输环节,以及工地现场安装施工环节,整体工作涉及不同时序时间点以及不同场地场景,相互约束且关系复杂,整体调度难度大。资源成本在项目的总成本中占有很大比重,最小化资源使用成本是装配式建筑项目调度的重要目标之一。因此,为了实现绿色环保、节能节源、可持续发展的建造方式,有效降低装配式住宅项目的建造成本是实现该目标的关键。

针对该问题,在装配式建筑建造过程中,要使工程管理人员变得更加专业化,增强管理模式、创新管理方法,实现"生产—装配—管理"一体化的现代企业管理模式,使装配式住宅项目在建造过程中发挥自身优势的同时,能有效提高建造效率,降低项目的建造成本。

项目管理中对资源的调度也尤为重要,工程项目管理的精确化,要求项目调度时充分考虑可能出现的不同情况。目前,主要研究的是关于资源均衡调度问题和资源受限调度问题以及调度问题鲁棒性(robustness)的研究。装配式建筑的3个主要作业形成了构件生产——➤运输物流——➤现场装配循环往复的工序链,且在每一作业空间都存在对于资源的调度问题。构件的生产能力与实际需求量的关系、物流的运输能力与实际需求量的关系、现场装配需求量与资源可供给量，以及生产过剩产生的库存保管费、增加的物流运输费和资源损耗费等，使项目的执行模式组合扩大，项目调度的难度大大增加，使得更加注重3个作业间的相互配合。综上所述，应该合理分配资源，加快装配式建筑发展，提高利用效率。

1.1.2　研究意义

装配式建筑属于基础设施项目，本书研究的装配式建筑具有投资大、多维空间施工调度复杂等特点。基于对研究背景的描述，为了有效解决装配式建筑资源调度优化问题，提高资源利用效率、减少项目建造成本，本书从模型构建、算法设计和实例验证3个层面进行了系统研究。研究成果具有重要的理论意义和现实意义。

（1）理论意义

资源配置是一项复杂的系统工程，需要科学合理的理论方法作指导。项目调度问题在理论上取得了重大进展，但在装配式建筑项目中，多资源、多空间、不确定性和多目标性相较于传统建筑更加复杂。对于装配式建筑项目资源调度这一尚未取得较大进展的领域，本书借鉴现有项目资源调度成果，对装配式建筑资源调度问题进行研究。多空间关联条件下资源均衡、资源受限这一科学问题的解决，是对现有成果在此领域的延伸，在理论方法上弥补了装配式建筑项目资源调度优化方法的空缺，对完善工程项目调度理论体系做出重大贡献，具有重要的理论研究价值。

装配式建筑项目资源配置优化属于 NP-hard（non-deterministic polynomial hard）问题，求解难度大，对于每类问题，目前并不存在一种绝对优越的求解算法。智能优化算法具有简单性、分布式、鲁棒性、灵活性、可扩展性和并行处理能力等优点，广泛应用于 NP-hard 及资源调度等问题中，有效使用智能优化算法对装配式调度问题优化具有重大意义。本书从理论上有效解决装配式项目调度问题，丰富资源调度领域，建立模型和智能优化算法解决装配式调度问题。

（2）现实意义

装配式建筑的施工方式对各工序之间的连续性要求较高，此类施工方式又具有现场装配、构件生产、运输物流的多维空间异地域、非同步的特点，复杂性强、调度困难，一体化的建造管理方式也导致资源之间相互牵制，项目管理过程中计划混乱，资源分配容易出错，不确定性的影响加大了管理难度，使装配式建筑不仅在工期方面与现浇建筑相比相差甚小，而且还需要较高的建设成本，种种不利因素成为其推广和应用的瓶颈。

如果将本书的研究成果应用到工程管理实践中，可以促进装配式项目管理科学化，充分发挥装配式建筑的优势，对项目效益可以有效提高。科学化的资源调度优化可以为决策者提供更多参考，加强组织管理，对人员、材料、机械等资源进行合理的安排，提高其在施工过程中的利用率，提高产业化工人利用率，节约劳动力，缩短或保证项目工期、节约施工成本、增加企业利润，将产生很好的经济效益，同时也体现决策者优秀的管理水平。并且对于减少资源浪费，改善工作环境，提高建筑物的绿色程度，充分响应"四节能一环保"政策，推动装配式建筑的快速发展，满足现阶段我国装配式建筑在资源调度方面的现实需求，具有重要的实践应用价值。

本书的创新之处主要包括以下 3 个方面。

① 针对装配式建筑作业空间的多维性、多关联性等特点，通过总结装配式建筑工程预制构件生产、运输和装配 3 类项目流程，对比分析装配式建筑工程的多模式管理特征，结合经典的项目资源调度理论，进行装配式项目资源的整体协调调度。

② 创新性地考虑了装配式建筑项目执行过程中影响要素，主要包括学习效应和鲁棒性。尽管相关因素在生产项目调度中已有广泛的应用，但是由于装配式建筑项目施工过程中重复性以及不确定性的调度特点，直接应用已有的生产调度理论已难以应对具体的实际问题，因此，本书结合装配式建筑项目的现实案例，考察相关影响要素对具体调度的影响，对装配式建筑工程项目进度网络计划的研究具有非常重要的意义。

③ 构建装配式项目多模式调度方法。装配式建筑项目在施工中存

在多种可能的执行模式，每一种模式需要不同的作业时间以及资源投入量，然而当前的研究模式仅使用传统的单一调度模式，无法满足装配式项目施工需求。多模式下装配式项目调度不仅丰富了这一领域的理论方法，而且对装配式建筑项目一体化调度的研究具有重要意义。

1.2　研究内容与相关理论

1.2.1　装配式建筑工程的定义

装配式建筑工程是用工业流水线的生产方式，将建筑物的部分或者全部构件在工厂内进行预制，再运输至施工现场，将构件通过可靠的连接方式组装而成建筑。装配式建筑按结构形式和施工方法可分为 5 种：砌块建筑、板材建筑、盒式建筑、骨架板材建筑、升板和升材建筑。装配式建筑的"六化"即材料高性能化、钢筋装配化、模架工具化、混凝土商品化、建造智慧化、部品模块化。建筑的主要构件包括内外墙板、预制梁、预制柱、阳台、楼梯等均在构件厂生产线上进行标准化的生产，装配时只需合理地安排吊装机械，确定构件的堆放、吊装顺序，最后再对节点部位浇筑密实。

在中国，装配式建筑特别适用于户型重复率较高的政府保障房、经济适用房等住宅，被称为产业化住宅或工业化住宅。发展装配式建筑既是解决传统房屋建设过程中存在的质量、性能、安全、效益、节能、环保、低碳等一系列重大问题的根本途径，也是解决建筑设计、部品生产、施工建造、维护管理之间相互脱节和生产方式落后等问题的有效手段，更是解决当前中国建筑业成本上升、劳动力和技术工人短缺问题及改善建筑工人生产、生活条件的必然选择。

1.2.2　装配式建筑工程多维建造空间特点

装配式建筑工程项目根据其自身多空间作业的特点，可以划分为生产空间、运输空间和装配空间。国内外专家学者对同一作业空间下项目资源调度的问题有了大量的研究成果，但还是与装配式建筑项目存在差异，目前也难以直接应用解决装配式建筑工程这类多空间关联的资源调度问题。现有的项目资源调度研究虽然涉及人力、设备的资源共享，但仍无法解决多空间的信息牵制与资源协同。当前，随着装配式建筑项目的推广试用，装配式建筑项目资源调度问题有待进一步探索研究。装配式建筑工程的建造过程中有以下几个特点。

（1）异地域

装配式建筑项目由于各空间的资源处在不同的地理位置导致空间资源不能直接共享，在初始调度时以资源成本的形式共享。

（2）非同步

正是由于各空间的相互牵制，导致其同一时间段的作业服务于不同的建设部位，无法同步进行调度。

（3）鲁棒性要求高

各空间共同作业势必会发生干扰，使装配式项目更容易受到不确定干扰的影响，且一旦某一空间发生扰动都可影响其他空间，因此对装配式项目调度计划按时完工的鲁棒性要求很高。

因此，装配式建筑在建造过程中对资源的稳定性要求很高，具有多项目、多资源协调配置的特点，同时还会受到不确定环境的影响。

装配式技术较传统现浇混凝土技术相比有很多优势，然而，该技术在工程应用中为项目建设带来诸多改善的同时，对于项目管理也带来新的挑战。分别体现在以下几个方面。

（1）构件生产方面

装配式混凝土结构对整体建筑进行拆解并集中生产，在一定程度上相当于部分工序由现场施工转为工厂生产，对构件生产的规格、数量、质量以及管理增加了难度。

（2）现场施工方面

装配式构件现场组装依赖于新的工艺，也需要施工人员熟练掌握技术，同时对现场的布置、人员调配、质量检测需要新的管理办法。

（3）协同工作方面

装配式技术相对于传统现浇式技术，增加了工厂生产和物流运输两个空间，在以装配空间为主导的情况下，需要这两个空间与其密切配合，对三个空间协同管理提出更高要求。

1.3　国内外研究现状

在国外，德国最早的预制混凝土板式建筑是 1926～1930 年间在柏林利希藤伯格-弗里德希菲尔德建造的战争伤残军人住宅区。20 世纪的 50 年代日本为解决"房荒"问题，日本政府开始采用工业化、装配施工方式进行大规模的住宅建造。Goh 和 Yang 对新加坡装配式建筑施工作业进行模拟研究，重点研究预制装配的障碍及动力，并用精益原则的建造概念和基线仿真模型提高施工效率。Navaratnam 等指出在瑞典，装配式建筑在住房行业的市场份额超过 80%。在澳大利亚，每年竣工的新建建筑中有大约 3%～4%的装配式建筑。Jonsson 和 Rudberg 从标准化程度、装配化程度和生产规模三个维度建立装配式建筑产品矩阵，该矩阵根据各自的产品标准化程度和产量，对典型的生产系统进行定位，综合考虑了市场需求和生产系统设计。Abdallah 论述装配式建筑系统经济与管理的关系，认为装配式技术可提高建筑业以较低成本交付结构的能力，并在整个生命周期内真正提高质量，此外，改进已完成构件的生产工艺，使目前需求与长期需求保持平衡。

Chan 和 Zeng 介绍了一种用于协调生产调度的决策支持系统（decision support systems，DSS）。决策支持系统支持生产调度的四个关键要素，即冲突探测、确定解决冲突的优先次序、制定和评价解决冲突的备选办法，以及对谈判结果进行排序。Fard 等研究了预制装配式建筑在预制和现场施工过程中的安全性能，并提出了用以提高预制装配式行业安全绩效的安全评价。Barriga 等对工业化建筑生产和施工过程中的建筑材料管理问题展开研究，提出可以引入供应链精益管理技术来缓解这一问题，认为建筑行业可以引入智能建筑系统（intelligent building system，IBS）来提高工程质量和生产效率。预制构件厂内生产的模式减少了诸多因调度计算和时间管理不确定性带来的问题。预制构件的调度优化也逐渐成为一个研究方向。Khalili 和 Chua 认为构件在工厂生产并运输到施工现场可降低施工项目的不确定性，满足安装的要求。配置单独的建筑元素并形成建筑组件或模块单元将导致使用更高级别的组件。这种复杂配置的生产需要复杂的配置，为实现资源和成本的优化，将高级配置和组件合并到混合整数线性规划中（mixed integer linear planning，MILP）模型。

在国内，Li 等对建筑管理研究做出评论，审视建筑学科的最新研究趋势，发现预制对整个建筑行业越来越重要，而建筑仍然是众多国家的主要经济活动。一些创新技术，如全球定位系统（GPS）和射频识别（RFID），被认为是提高预制建筑实践性能的有效工具。Wong 等介绍了装配式技术运用于香港大型高层建筑建设中，分析了装配式技术在香港发展的优缺点，尤其论述装配式技术在设计和施工过程中的使用。Jaillon 和 Poon 通过对香港 179 个预制项目研究，发现装配式中最常用的预制构件是预制外墙（51%）、预制楼梯（22%）、半预制板（9%）和半预制阳台（9%）。Li 等根据香港住房短缺的现实问题，认为预制装配式是住房可持续的解决方案。依据系统动力学原理，识别各种风险对装配式建设项目进度的潜在影响，为管理者提供参考，以便提前识别和处理可能导致进度延迟的潜在风险。李丽红等探讨装配整体式与现浇式建筑工程技术经济指标中的成本差异，得出了高成本是装配整体式建筑工程发展瓶颈，提出了从管理和技术综合来解决成本瓶颈的措施。

陈伟和容思思提出装配式建筑异地域非同步的特点，采用多维作业空间降维技术，建立了装配式建筑工程资源调度方法并进行实证分析。在此基础上，由于装配式建筑多维度施工作业的特点，各空间操作时容易相互影响，还对鲁棒性进行了研究，为指导装配式住宅项目调度工作提供了科学的方法及决策信息支持。赵平等以项目工期最优为目标，提出基于差分进化的改进粒子群算法求解装配式住宅项目进度优化问题，克服了单一的差分算法和粒子群算法易产生局部最优及低精度的缺陷，并用装配式住宅实例验证了算法的有效性。吴昊考虑施工过程中的不确定因素，使研究更符合现实情形。站在施工现场管理者角度，研究装配式建筑资源受限项目调度问题，比较装配式建筑施工特征与生产性制造业的特点，论证智能优化算法应用于装配式建筑施工调度的可行性。

除了对整体装配式建筑项目调度进行研究外，还有学者对构件生产空间和运输空间进行单独研究。李萍萍认为目前装配式 PC 构件运输缺乏科学的配送管理。装配式 PC 构件配送与传统物流配送相比，具有运输频率高、配送时间要求严格的特点，配送成本在整个项目成本中也占了相当大的比重。通过建立配送成本优化模型，利用人工鱼群算法求解实例，为今后构件运输成本管理工作提供一定理论参考。

1.4 研究框架与结构安排

1.4.1 研究框架

本书以装配式建筑工程项目为研究对象，首先分析了装配式建筑资源调度优化的研究背景，提出了装配式建筑资源及其调度优化的概念，主要阐述了装配式建筑资源均衡、资源受限、多执行模式调度、资源鲁棒性问题优化及方法，最后将模型及方法应用在装配式建筑项目生产、运输、施工等空间，力求解决在这些应用领域存在的调度优化问题。装配式建筑资源调度优化理论研究框架如图 1-1 所示。

1.4.2 研究结构安排

本书将调度理论用于装配式建筑项目，提出了装配式建筑资源及其调度优化的概念，在分析了装配式建筑资源调度优化的背景上，构建了装配式建筑资源调度优化理论研究框架，并将其应用于实际项目运作中，从而实现装配式建筑资源调度的优化和合理分配。

通过梳理本书研究要点，研究装配式项目的资源调度模型与方法。研究主要从资源均衡问题及资源受限问题两个方面进行，具体包含装配式项目资源受限问题、资源均衡问题、多模式资源受限问题以及资源鲁棒性问题。研究方法主要应用启发式算法、智能优化算法及数学规划方

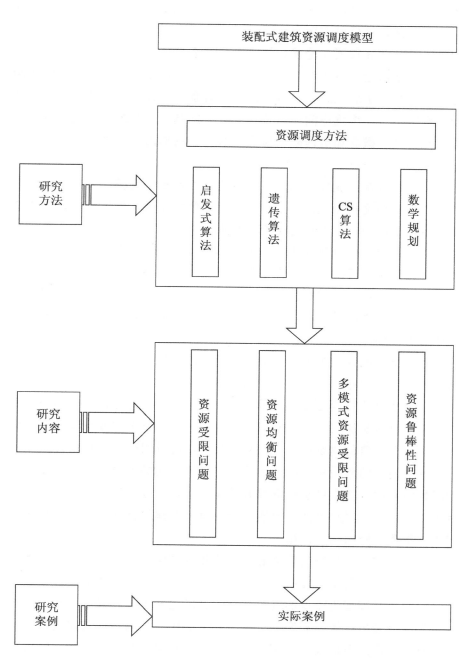

图 1-1　装配式建筑资源调度优化理论研究框架

法，在智能优化算法中选取遗传算法及 CS 算法，以寻求更优更有效率的结果，并在最后对实际案例进行分析验证。

本书共分 8 章展开论述，具体内容如下。

第 1 章绪论。本章对装配式建筑资源及其调度优化进行了全面的阐述。首先分析了装配式建筑资源的研究背景及研究意义，然后提出了装配式建筑定义、多维空间作业特点，并在此基础上介绍了装配式资源调度优化的基本概念和国内外的研究现状；最后提出了本书的优化分析框架和相关章节安排。

第 2 章资源调度理论综述。本章主要讨论资源均衡、资源受限以及鲁棒性项目调度相关理论，本章主要研究资源受限、资源均衡以及鲁棒性项目调度问题，首先描述了资源受限、资源均衡问题的概念，并对资源受限、资源均衡问题分类，总结资源受限、项目资源均衡问题的模型。其次，对项目鲁棒调度进行介绍，描述项目鲁棒调度的概念、评价指标、鲁棒性项目调度类型。最后，进一步对资源受限项目鲁棒调度进行介绍，描述资源受限项目鲁棒调度的概念、构成要素、调度类别以及鲁棒性项目调度方法。

第 3 章装配式建筑工程资源均衡模型的构建。本章描述了装配式建筑工程项目关键路线、关键工序和项目工期的确定方法。将多空间关联的装配式建筑项目调度过程用示意图进行表示，通过为每个空间作业在开始和结束时添加虚工作，使抽离出来的基本的三个作业空间调度过程转化为一个经典的建设单元。在此基础上，通过网络计划技术，找出每个作业空间下的非关键工序。此外，建立模型前提出项目假设，通过目标函数的对比，选取最小化资源方差作为优化目标，建立装配式建筑项目工期约束、工序约束及资源使用量约束，构建符合现实生产过程的装配式建筑项目资源均衡模型。

第 4 章装配式建筑项目资源均衡优化及方法。本章主要介绍了随着装配式建筑技术的快速发展及应用，以构件生产、运输物流、现场装配等多空间关联调度为特点的资源优化问题随之产生，并且逐渐成为建筑行业市场提高生产效率和增强竞争力的关键因素。以装配式建筑项目为研究对象，通过考虑装配式建筑项目之间的约束关系，结合多空间关联项目协同调度的思想，建立以最小化资源方差为目标的资源均衡模型；并且提出基于遗传算法的资源均衡优化方法，将此用于多维空间下人工资源的有效均衡调度。数值实验中，依据某装配式建筑项目的实际数据，验证提出方法的有效性、高效性。该方法有效解决装配式项目多重空间下资源均衡问题，为装配式项目工程管理者提供决策支持。

第5章装配式住宅项目的资源受限优化及方法。本章主要探讨了将多空间降维处理转化到同一时间段内进行分析，在信息共享的条件下以装配空间为主，生产运输空间协同调度，在基于装配式项目调度多空间相互约束、相互制约的特点上，充分考虑了生产运输空间的完成时间对装配空间整个调度计划的影响，即对装配空间综合成本值的影响，并构建了以最小化装配空间成本值为目标函数的双层规划模型，设计了一种嵌套式遗传算法对该模型进行求解。最后，为了验证对于多维建造空间下装配式资源受限项目调度问题双层规划模型的优化性，通过现实案例对启发式调度模型和双层规划模型的最优调度结果进行分析对比，从而验证对于多维建造空间下装配式资源受限项目调度问题双层规划模型的优越性。双层规划模型能更好地反映装配式建筑调度的多维关联问题，设计的遗传算法能有效地求解相关的资源受限问题，并且为承包商提供决策建议。

第6章考虑学习效应的装配式项目资源受限模型。本章主要介绍了装配式项目在施工过程中可以实现"生产—装配—管理"一体化的管理模式，标准化的模式在不断重复过程中获得学习效果。以装配式建筑项目为研究对象，通过考虑装配式项目之间的约束关系，建立由抢工奖励和人力增加成本构成的节约成本为目标，在考虑学习效应对实际工期的影响下资源受限的调度模型。数值实验中，可以得出在计算实际工期时应考虑学习效应的影响，同时利用资源调度可以有效地缩短工期，减少成本，为装配式项目工程管理者提供决策支持。

第7章装配式建筑多模式调度优化及方法。本章主要讨论了为针对以往装配式建筑调度研究中，主要基于一个活动只有一种固定资源投入和固定工期的执行模式，而实际调度过程中多种资源投入和不同工期的多种执行模式普遍存在的问题，以及装配式建筑一体化建造方法的不足，建立以装配空间工期最短，以及在装配空间工期最短限定下的生产空间工期最短的多模式资源约束模型。在该多维空间调度模型的基础上，设计了一种搜索能力强、能有效求解该问题的 CS 算法。最后通过装配式建筑项目实际案例分析和遗传算法（genetic algorithm，GA）的性能对比，证明本书构建的调度模型和算法设计能有效地解决多模式下装配式建筑工程资源受限调度问题，丰富了装配式建筑项目调度这一领域的理论方法。

第 8 章装配式建筑鲁棒性研究。本章主要介绍了装配式建筑工程的生产、运输、装配 3 个空间在实施的过程中有多维作业空间并行实施的特征，为了保证多维作业空间下工序可以更加协调有序进行，基于关键链技术分别构建装配式工程集中缓冲进度计划、基于二次调度计划的装配式工程集中缓冲进度计划；建立鲁棒性指标对两种进度计划进行评价，并进行实证分析。最后得出结果基于二次调度计划的装配式工程集中缓冲进度计划，在保证装配式建筑工程的实施过程中效果更佳。

1.5　本章小结

本章首先通过介绍装配式项目具有周期短、效率高、节约资源的优势，但其资源成本消耗不比传统的现浇式建筑低，最小化资源使用成本是装配式项目工程管理的重要目标之一。因此，研究装配式项目在生产、运输、装配空间的资源调度问题具有理论意义和现实意义。其次，本章介绍装配式项目概念及其在多维建造空间具有异地域、非同步、鲁棒性高的特点，并对其国内外研究现状进行了综述。最后，本章绘制研究框架，突出本书研究要点，同时对本书的章节内容进行了简要概述。

第 2 章

工程项目资源调度相关理论综述

2.1 项目资源调度问题

项目资源调度问题（resource scheduling）作为工程项目管理中的一个重要内容，依据系统需求与资源供应情况，采取科学的技术方法和合理的调配制度来分配系统资源，以达到满足系统资源需求的情形下资源使用量最小、提高资源利用率的目的。关于资源调度的研究通常分为两大类，一类称为资源配置（resource allocation），即资源受限项目调度，研究在资源供应受限的前提下，如何合理安排各工序任务的开工时间，使工程消耗时间最少；另一类称为资源均衡（resource leveling）。

2.1.1 资源受限项目调度问题综述

（1）资源受限项目调度概念及分类

资源受限项目调度（resource-constrained project scheduling problem，RCPSP）是在一定的约束条件下，达到项目建造时间最短、建造成本最少等目的，从时间和资源上合理安排项目调度的活动，从而满足企业的某种经营目的。在一个项目中，所包含的工序由于在资源、技术等方面存在的差异而导致这些工作之间存在一定的先后关系，并且任何一个工作都可以选择一个特定的模式来完成工作，每种模式对应一定的工作持续时间和资源的消耗量，为了解决此类问题，需要在资源约束和工序间逻辑约束的条件下，生成不同的调度计划，从而优化目标。资源受限项目调度问题是一个重要的具有挑战性的问题，已在建筑制造、航空航天和软件开发行业中进行了全面研究，并且这已被证明是 NP-hard 问题。NP-hard 问题指所有的非确定性多项式（non-deterministic polynomial，NP）问题都能在多项式时间复杂度内归遇到的问题。非确定性是指可用一定数量的运算去解决多项式时间内可解决的问题。在该问题中，项目由若干个具有逻辑关系的活动组成，且用一张 AON（activity-on-node）有向网络图表示。AON 有向网络图是指使用节点表示工作、箭线表示工作关系的项目网络图。本章将资源受限项目调度问题按照项目数量分为两类，一类是资源受限单项目调度，另一类是资源受限多项目调度。

1）资源受限单项目调度

对 RCPSP 的分类通常是在对构成项目的基本要素和项目所求目标特征的基础上依据 Herroelen 等的 $\alpha|\beta|\gamma$ 的三段式法从 3 个方面进行分类，分别是资源、活动和目标函数。

其中，α 域描述的是资源特征，包含 4 个要素，分别描述资源的种类、是否是可更新资源、资源是否可获得等；β 域描述的是活动特征，执行模式是活动特征的一个要素，表示的是正在进行的活动所需执行资源的配置方式；γ 域是对目标函数的描述。在项目活动之间逻辑约束和资源约束下使目标值达到最优是项目调度的主要目的。

2）资源受限多项目调度

目前我国在资源受限的多项目的调度问题方面进行的相关研究尚且不够充足，不如单项目的调度问题那样广泛。从静态与动态环境这两个方面分别着手对多项目调度的问题进行研究的是学者 Dumond 及 Mabert。

其中，处于静态环境下的多项目调度针对的是从整体角度出发，对于已经明确的诸多项目展开调度问题的研究和求解，解答逻辑是将多项目综合成一个超级的单项目，以研究单项目的调度方法来研究静态环境中的多项目调度。处于动态环境中的多项目调度针对的是在诸多项目遵循初试调度计划后依然有部分项目到达，那么便应该针对新的项目系统展开重新调度。

3）目标函数

在项目调度中，优化的目标函数分为两类。一类为正则目标函数，这类目标函数满足以下 2 个条件：①目标函数是求最小值；②目标函数是完工时间的单调非降函数。例如：项目总工期最短、项目总成本最低、项目延误最小等。另一类则是非正则目标函数，例如：最大净现值、提前完工费用和误工费用最小等。在项目活动之间逻辑约束和资源约束下使目标值达到最优是项目调度的主要目的，在模型构建中主要有以下几种常用的优化目标。

① 基于项目施工工期最短化

黎青松和朱小艳针对生产操作空间具有分散式特性的车间调度问题

建立了以工期最短化为目标的优化模型，设计了遗传算法对其进行求解。

② 基于项目综合成本最小化

马国丰等根据关键及非关键工序两部分工序量化项目资源需求，在 0～1 变量即活动浮动变量基础上，构建一种混合整数线性规划模型，在活动浮动、工序约束及项目资源约束下求解投资成本最小值。

③ 基于最小化资源方差

Easa 及 Said 针对中小型项目的单一资源均衡优化问题，建立了一种整数线性规划模型，有两种目标函数都可以作为该模型的优化目标，一个是资源最小需求量与资源平均使用量之间的绝对值，另一个是资源最小需求量与理想的非平均资源使用量之间的绝对值，并运用关键路线法来调度资源，该模型同样适用于项目的多资源均衡优化问题。

④ 基于多目标

庞南生和孟俊姣以项目完成时间最短和鲁棒性最大作为优化目标，提出可测试项目鲁棒性大小的新指标，并构建了工期最短和鲁棒性最大的双目标优化模型，在算法设计中结合分阶段优化的思想，形成一种新的 SA 算法并对其进行求解。

（2）资源受限单项目调度模型

在 RCPSP 中，资源类别包括可再生、不可再生、部分可再生和双重约束的资源。RCPSP 中的资源是可再生资源，例如劳动力、机械和设备。一个典型的资源受限单项目调度模型可简单描述为：一个项目由 n 个活动组成，项目的限定工期为 T，项目建造过程中一共需要 M 种可更新资源，其中第 m 种可更新资源在每周期内的提供量为 K_m，活动 j 在建造过程中对资源 m 的需求量为 k_{jm}，在任意时刻各个活动对资源的需求量都不能超过该资源的供给量。

RCPSP 问题是在满足工序间的逻辑约束和资源约束的条件下，以项目完成时间最短优化目标进行调度。具体模型如下：

$$\min FT_J \tag{2-1}$$

$$\text{S. T. } st_j \geqslant \max ft_{pj}, \forall j \tag{2-2}$$

$$\sum_{j \in \Delta_t} k_{jm} \leqslant K_m, \forall t, m \tag{2-3}$$

式中　FT_J——项目的完成时间；

　　　　J——任务总数；

　　　　st_j——任务 j 的开始时间；

　　　　ft_{pj}——任务 j 的所有紧前任务完成时间；

　　　　$\forall j$——针对任意的 j；

　　$\forall t, m$——针对任意的 t, m；

　　　　Λ_t——在时段 t 处于工作状态的任务集合。

以上模型为基本的调度模型。在实际研究中，可在该模型的基础上，根据具体项目对模型进行相应的调整，例如将工期最短化目标转化为成本最小化、效益最大化等目标函数，同时调度结果也会随着目标函数的不同而发生改变。

资源受限单项目调度模型参数如表 2-1 所示。

表 2-1　资源受限单项目调度模型参数

符号	说明
j	单项目编号，$j=1,2,\cdots,J$；J 为单项目任务总数
t	时段序号，$t=0,1,2,\cdots,t_n$；t_n 为时段总数
m	资源序号，$m=1,2,\cdots,M$；M 为资源种类总数
T	项目的限定工期
d_{ij}	任务(i,j)的持续时间
st_{ij}	任务(i,j)的开始时间
ft_{ij}	任务(i,j)的完成时间，$f_{ij}=s_{ij}+d_{ij}$
FT	项目的完成时间
p_{ij}	任务(i,j)的紧前任务集合
Λ_t	在时段 t 处于工作状态的任务集合
K_m	某时刻资源 m 的供给量
$k_m^{\max}$	项目所有时刻对资源 m 的最大消耗量
k_{ijm}	任务(i,j)每期所需第 m 种可更新资源量

（3）资源受限多项目调度模型

多项目是由 n（$n\geqslant2$）个独立的项目所组成，各个项目处于并行的状态，多项目的集合为 $P=\{1,2,\cdots,n\}$。这 n 个项目在一个共享资源库下进行调度，在这个资源库中一共有 K 种可更新资源，在每个时间段内这些资源的供应量都是有限的，但在项目进行时资源总量并不发生改变。在多项目调度中项目之间除了在一个资源库下共享可更新资源之外相互独立，相比于单项目调度，多项目调度难度更大、调度过程更复杂，项目之间往往存在着资源冲突与矛盾，使得不能有效地进行项目的协调安排。本书只研究了可更新资源的限制下多项目的调度模型，并对该模型做了以下假设。

① n 个项目间除了在 1 个资源库下共享可更新资源外相互独立；

② 多项目中所有活动开始以后必须连续工作，中间不可间断；

③ 在项目实施过程中，可更新资源投入使用后便不可发生转移。

以最小化项目的加权工期为目标函数，以各活动间的时序关系和资源限制为约束条件，构建资源受限多项目调度模型，具体模型如下。

$$\min \sum_{i=1}^{n}\delta_i FT_{i,J} \tag{2-4}$$

$$\text{S. T.}\begin{cases}st_{ij}\geqslant \max ft_{p_{1j}},\forall j\\ \sum_{(i,j)\in \Lambda_t}k_{ijm}\leqslant k_m,\forall t,m\end{cases} \tag{2-5}$$

式中　δ_i——各项目工期的加权系数；

$FT_{i,J}$——项目 i 的完成时间；

st_{ij}——任务 (i,j) 的开始时间；

$ft_{p_{1j}}$——任务 (i,j) 的所有紧前任务完成时间；

Λ_t——在时段 t 处于工作状态的任务集合；

k_{ijm}——任务 (i,j) 每期所需第 m 种可更新资源量。

式(2-4) 表示多项目调度的模型的目标函数，即项目加权工期的最小值；式(2-5) 表示多项目调度活动间的逻辑约束与项目可更新资源的约束，即每个活动的开始时间不得早于紧前活动的完成时间，且资源的使用总量不得超过资源的提供量。

以上模型可根据项目实际实施过程中的实际情况进行目标函数的变换，例如综合成本值目标、资源目标以及多目标等。资源受限多项目调度模型参数见表 2-2。

表 2-2 资源受限多项目调度模型参数

符号	说明
i	项目编号,$i=1,2,3,\cdots,n$;n 为项目总数
j	项目编号,$j=j_{i1},j_{i2},\cdots,j_{nJ}$;$J$ 为项目 i 所含任务数
t	时段序号,$t=0,1,2,\cdots,t_n$;t_n 为时段总数
m	资源序号,$m=1,2,\cdots,M$;M 为资源种类总数
T_i	项目 i 的限定工期
d_{ij}	任务(i,j)的持续时间
st_{ij}	任务(i,j)的开始时间
ft_{ij}	任务(i,j)的完成时间,$f_{ij}=s_{ij}+d_{ij}$
FT_i	项目 i 的完成时间,$FT_i=FT_{iJ_i}$
p_{ij}	任务(i,j)的紧前任务集合
Λ_t	在时段 t 处于工作状态的任务集合
K_m	某时刻资源 m 的供给量
$k_m^{\max}$	项目所有时刻对资源 m 的最大消耗量
k_{ijm}	任务(i,j)每期所需第 m 种可更新资源量
β_m^i	单位时间内的项目 i 的可更新资源 m 单位资源成本
μ_i	项目 i 的误期赔偿系数

2.1.2 资源均衡项目调度问题综述

（1）项目资源均衡问题概念

　　资源均衡问题是一类典型的项目调度问题,旨在确定一个项目基线进度计划。资源均衡所研究的问题是在工程工期给定的条件下和满足工序优先关系约束的基础上,合理调整每个工序任务的开始时间,主要针对非关键工序做调整,使单位时间内的资源使用波动值最小,这样就表明资源消耗更均衡。通过对资源均衡的研究,减少项目运行中的一部分昂贵的可再生资源（大型机器、机器、人员等）使用量的变动,尽可能缩小资源使用的峰值和谷值差距,减少不必要的设备投资、临时资源急分配的次数,避免频繁的雇佣和员工解雇。资源均衡问题的基本前提是资源供给无限制。项目资源均衡问题分类见图 2-1。

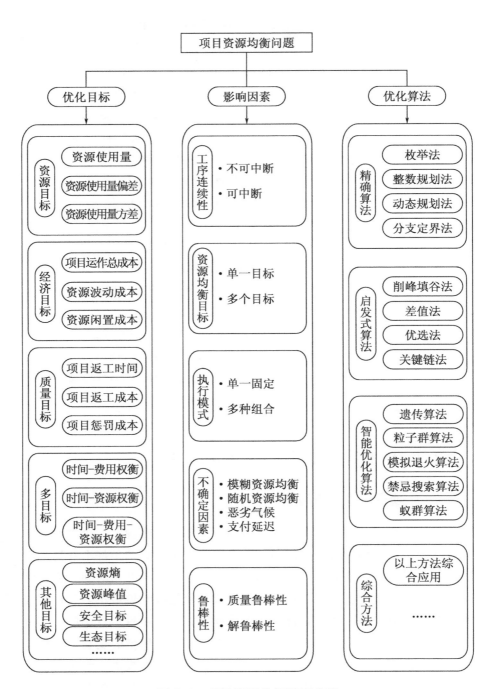

图 2-1　项目资源均衡问题分类

资源均衡与资源配置问题具有相同的优先级约束，但目标不同。从项目进度问题的角度来看，资源分配问题属于有限资源问题。换句话说，在给定资源供应量的条件下，项目的建设周期被最小化，目标是正规函数。资源均衡问题属于有限时间问题。也就是在项目期间给定的条件下优化资源使用，目标不是正规函数。

理论上看，资源均衡问题属于强大的 NP 难题。实际上，有效的资源均衡可以帮助改善项目资源的使用并提高项目的成功率。本书将要研究的是在工期确定情况下的资源均衡问题。这类问题理论上属于经典问题，Demeulemeester 和 Elmaghraby 在他们的经典著作中都有详细介绍。资源均衡优化目标的确定，是解决工程项目资源均衡优化问题的重要步骤之一。在以往的研究过程中，国内外学者为寻求均衡的资源消耗，建立了多种评价目标模型。Damic 和 Polat 对于钢结构工业建筑项目，研究了 9 种不同的目标函数对资源均衡效果的影响。本书将从资源目标、经济目标、质量目标以及多目标角度对目标函数进行划分归类，论述现有研究成果所采用的优化目标函数。

1）基于资源的目标

资源均衡问题的目标函数，总体上可以概括为如下表达式：

$$f_k(u_{kt}) = v_k u_{kt}^2 \tag{2-6}$$

式中 u_{kt} ——资源使用量；

       v_k ——第 k 种资源的权重；

$f_k(u_{kt})$ ——资源使用量 u_{kt} 的函数。

$f_k(u_{kt})$ 考察在整个项目周期内资源使用量的波动情况，若 $f_k(u_{kt})$ 的值越小，则说明资源的使用越均衡。根据决策者的喜好，$f_k(u_{kt})$ 又可以表示为多种其他形式。

对于资源目标来说，可以用资源使用量偏离中心位置（资源日均使用量）或某一给定的值的程度来描述资源均衡的好坏情况。常见的目标函数有：

$$f_k(u_{kt}) = v_k u_{kt}^2 \tag{2-7}$$

$$f_k(u_{kt}) = v_k |u_{kt} - \alpha_k| \tag{2-8}$$

$$f_k(u_{kt}) = v_k (u_{kt} - \alpha_k)^2 \tag{2-9}$$

式中 α_k ——给定的第 k 种资源的最佳日使用量。

式（2-7）以最小化第 k 种资源使用量的平方和为目标，等价于最小

化第 k 种资源使用量的方差；式（2-8）以最小化偏差 $|u_{kt}-\alpha_k|$ 为目标；式（2-9）则是把偏差 $|u_{kt}-\alpha_k|$ 换成了方差 $(u_{kt}-\alpha_k)^2$。

此外，还可以用资源日使用量超过某一给定值的程度来描述资源均衡的好坏情况。常见的目标函数有：

$$f_k(u_{kt})=v_k\max(0,u_{kt}-\alpha_k) \tag{2-10}$$

$$f_k(u_{kt})=v_k[\max(0,u_{kt}-\alpha_k)]^2 \tag{2-11}$$

此时第 k 种资源的日使用量只要不超过给定的值 α_k 即可，否则就会增加一个相应的惩罚值 $\max(0,u_{kt}-\alpha_k)$ 或 $[\max(0,u_{kt}-\alpha_k)]^2$。

以相邻两个时间段（一般是指当天与前一天）的资源使用量的偏差程度也可以用来描述资源均衡的好坏情况。常见的目标函数有：

$$f_k(u_{kt})=v_k|u_{kt}-u_{kt-1}| \tag{2-12}$$

$$f_k(u_{kt})=v_k(u_{kt}-u_{kt-1})^2 \tag{2-13}$$

$$f_k(u_{kt})=v_k\max(0,u_{kt}-u_{kt-1}) \tag{2-14}$$

$$f_k(u_{kt})=v_k[\max(0,u_{kt}-u_{kt-1})]^2 \tag{2-15}$$

2）基于经济的目标

衡量一个项目是否成功的重要标准在于执行项目的总成本是否可以得到合理控制。对于资源均衡问题的经济目标，最常用的是最小化项目运作总成本。从提高经济利益角度来看，也可以将最大化项目净现值作为目标函数。Kreter 等研究了总调整成本，其目标函数与任意两相连时间段内资源使用量的变化情况实现效果是相同的，该目标函数是研究两个资源跳跃点之间资源使用的波动，资源跳跃点是指随每种资源使用发生变化时时间相对应的点。何立华和张连营提出资源波动成本这一概念，可以直接度量并最小化资源波动对施工生产力和成本造成的负面影响，并建立以最小化资源波动成本为衡量指标的资源均衡优化模型，并选用遗传算法求解资源均衡问题；杨志勇等认为，在考虑风险因素时，资源就位时间的任何变化都会引起总工期和资源闲置时间的变化，进而影响总成本。因此，建立了总成本最低的最佳资源就位时间优化模型，利用蒙特卡罗法模拟和遗传算法求解各工作最佳资源就位时间的方法，实验结果优于关键路径法（critical path method，CPM）网络模型；倪霖等在闲置成本目标的基础上，提出集成工期延迟与闲置成本的多目标调度协同优化模型，提高了资源的利用效率。

3）基于质量的目标

工程项目质量有一个极其重要的衡量指标。近些年，工程建设质量安全问题会出现，且较大、重大事故频率较高，因此逐渐开始研究质量目标。一个工程项目是否可以顺利交工，质量是关键。将质量作为目标函数难处在于如何测度一个质量，虽然质量的好坏有一些定量指标，但是还存在一定的主观感受。此外，不同性质的项目质量的属性也是不同的。一般认为项目工序发生返工时会导致工程延期和成本增加。项目质量出现问题，还会受到相关部门的惩罚，这时会产生一个惩罚成本。Icmeli-Tukel 和 Rom 将最小化预计的返工时间和惩罚成本作为目标函数。

4）基于多目标权衡

多目标权衡可以细分为时间-费用权衡及时间-资源权衡。时间和费用之间的平衡可以理解为从最乐观的情况开始，项目投资的成本逐渐降低，以及在保证工期或较少延迟工期的状况下如何通过减少某些过程中的资源量来降低成本。时间和资源的平衡是当项目中输入的最大资源量和每单位时间的可用资源量逐渐减少时，如何延迟某些过程或减少资源量可以确保资源不超过限制。时间和费用之间的平衡以及时间与资源之间的平衡均不只有一个最佳解决方案，而是一系列不能区分优劣的帕累托（Pareto）最优解。

除了上述常用目标函数，国内外专家学者也提出了其他资源均衡度量的指标。由于多项目资源调度问题相比于单项目更为复杂，多项目之间工作任务数量不同，各个项目完成时间不一等因素，传统的目标函数无法公平地进行比较。Ponztienda 等采用了资源改进系数用于比较不同项目之间的资源均衡程度。乞建勋等认为，传统的统计学上方差、均值、极差、中心位置和偏离均值程度等目标函数应用于资源均衡问题各有缺陷，提出资源熵的概念。董进全等将资源峰值最小作为资源均衡的目标函数，利用整数规划算法求解单资源均衡问题，引入序贯法对资源重要程度排序进而对多资源均衡进行研究。张静文等提出量调度方案的鲁棒性的新视角，基于活动自由时差效用函数，并且考虑项目工期和不定性因素，建立基于时差效用的双目标资源约束型鲁棒性项目调度优化模型。近年来，社会越来越关注安全性和生态要素，部分学者已开始考虑将安全性和生态因素作为目标，同时考虑项目的可持续性。如张连营等提出保障性和损失性安全成本，同时描述了项目的安全目标。

（2） 项目资源均衡问题评价指标

工程项目的资源失衡主要是由于非关键性工作实际开工时间安排不合理，以及在短时间内资源过度集中分布。资源均衡的目的是在不改变总建设周期的前提下，充分利用非关键作业任务之间的时间差，改变每个非关键作业任务的开始时间，从资源需求的高峰开始，调整到资源需求较少的时段，通过"切峰填谷"的思想，对每种资源的需求都尽可能地减小波动。

合理有效的均衡分配资源可以避免多项目并行的冲突问题，使有限的资源总量在多项目并行的环境下，最大程度地满足每个并行项目的各自项目实施的资源需求量，从而保证战略目标的总体实现。

常用的资源均衡评价指标有以下 4 个。

1）方差 σ^2

$$\sigma^2 = \frac{1}{T} \sum_{t=1}^{T} \left[R(t) - \overline{R} \right]^2 \qquad (2\text{-}16)$$

式中　T——项目施工工期；

$R(t)$——在 t 时刻的资源强度值；

$\overline{R}$——施工工期内资源强度的平均值。

这引用了统计中样本方差的概念，并度量了单位时间内所需资源的平衡性。方差是反映统计数据离散程度的重要指标，方差 σ^2 越小，资源强度的平衡越好。

2）不均衡系数 V

$$V = \frac{R_{\max}}{\overline{R}} \qquad (2\text{-}17)$$

式中　$R_{\max}$——施工工期内资源强度的最大值。

不均衡系数 V 越小，资源强度的平衡性越好。

3）最大绝对偏差 ΔR

$$\Delta R = \max \left[\left| R(t) - \overline{R} \right| \right] \qquad (2\text{-}18)$$

最大绝对偏差 ΔR 将每日资源需求与施工期间资源强度的平均值进行比较，并以差值的绝对值表示项目资源强度的平衡。

4）极差 ΔR_{mm}

$$\Delta R_{mm} = R_{\max} - R_{\min} \qquad (2\text{-}19)$$

式中　R_{min}——项目工期内资源强度的最小值。

极差值 ΔR_{mm} 表示施工期间资源强度的最大值与资源强度的最小值之间的差。差值越小，资源强度的平衡性越好。

（3）项目资源均衡问题影响因素

对于资源调度问题，首先要了解项目的资源特征，包括资源类型、数量、可更新性和可用性等。建设项目资源通常包括劳动力、原材料、设备、周转性材料、临时设施和资本等类型。这些资源基本上分为 3 种类型：可更新资源、不可更新资源和双重限制资源。其中，资源可更新性主要说明了每个资源是否可以在不同阶段重复使用，主要有 3 种。

① 可以重复使用的资源是可更新资源（例如人力资源和设备）。

② 不能重复使用的资源是不更新生的资源或消耗性资源（例如原材料）。

③ 具有以上 2 个资源特征的双特征资源（例如投资资本，总投资资本是在某些情况下是无法更新的资源，但是每个阶段的流动资本重复利用使资本又具有可更新资源的特征）。

许多关于项目调度的研究表示，与资源使用费用最小化或者项目调度工期缩短方面的研究相比，资源如何在项目实施过程中均衡使用显得更为重要。这样来看，一方面，可以避免项目建设过程中资源分布呈现凹凸不平，减少资源调配增加的费用；另一方面，尽可能平缓地使用资源能够减少项目延期完工的风险。

多项目资源配置问题是建立在一般项目资源管理的基础上，具有一般项目管理的特点，包括复杂性、周期性和管理性。但是，多项目资源配置又区别于一般项目，具有战略性、层次性、动态性、系统性和集成性的特点。多项目资源配置过程中，多项目并行可能会产生较多的不确定因素，增加其结构的复杂性，使实施难度加大，对企业战略目标有更加严格的要求。资源的合理组合和使用，对工程效益有很大影响。长期以来的资源均衡问题都假定理想状况，围绕单资源限定模式的连续工序展开研究，但实际情况并非如此。事实上，工序在执行过程中是否连续、执行模式、不确定环境等因素，都会对资源均衡产生影响。因此，对于不确定情况下复杂问题的探索是研究方向。

① 工序执行过程中是否连续性是资源均衡问题的影响因素之一。

基本的资源均衡问题假设工序执行过程中不能中断，但是连续施工可能导致资源需求量出现波峰或者波谷。某一工序资源使用量的急剧增多会大大增加费用的支出，然而波谷的出现又会使资源闲置。在实践中，在项目中途打断某些工序的执行，推迟它们的完成时间，有助于释放高峰期对资源的使用，避免低峰期资源被闲置，使资源量保持均衡。

② 项目调度中以资源均衡为单一目标，已经是需要大规模求解的问题。而在实际的施工过程中，受多因素相互制约，通常把其他目标考虑其中，例如工期最短、最小化成本等。多目标下的资源均衡是实际生产中经常出现的。为快速寻找出 Pareto 最优解，采用效率更高的元启发式算法。

③ 基本的资源均衡调度中，假设各工序只有一种固定的执行模式，即每个工序所需的工期和资源只有一种组合，这样约束下组合方式也被限定。在实际工程中，完成一项工作可能有多种不同的模式。分配给工序的资源数量不同，导致活动的工期也不同。多种执行模式可被选择，组合方式的数量也爆炸式增长。很明显，多执行模式下解空间的进一步增大也为求解带来困难。目前，对多模式资源均衡问题的研究还较少。

④ 不确定因素的影响在项目执行过程中是难以避免的。施工现场一些如恶劣气候、材料供应不及时、支付延迟等不确定因素都会对项目调度及工期产生影响。不确定环境下的资源均衡问题正在引起人们的关注，研究目的主要是最小化项目执行时的实际资源使用量与计划资源使用量的差异。不确定环境下的资源均衡可以分为两类，即模糊资源均衡和随机资源均衡。

⑤ 鲁棒性是指项目进度计划不受内外部环境的影响，依旧可以保持平稳性的能力。关于不确定环境下鲁棒性问题的研究近年来迅猛发展，国内外学者纷纷投入研究。

（4）项目资源均衡问题调度模型

在项目资源均衡问题（resource leveling problems，RLP）中，其目标是在满足活动优先关系约束和项目截止日期的前提下，制定一个项目基准进度计划，该计划列出了每项活动的计划开始时间，从而最小化资源使用量的波动程度。其模型可以表述如下：

$$\min \sum_{k=1}^{K} \sum_{t=0}^{T} f_k(u_{kt}) \tag{2-20}$$

$$u_{kt} = \sum_{i \in \Lambda_t} r_{ik}$$

$$\text{S. T. } s_1 = 0 \tag{2-21}$$

$$s_i + d_i \leqslant s_j, \forall (i, j) \in A \tag{2-22}$$

$$s_n \leqslant T \tag{2-23}$$

$$\sum_{i \in \Lambda_t} r_{ik} \leqslant u_{kt} \tag{2-24}$$

$$\Lambda_t = \{i \mid s_i \leqslant t < s_i + d_i \wedge i \in N\}$$

式中　$f_k(u_{kt})$——资源使用量 u_{kt} 的函数；

　　　u_{kt}——活动对资源 k 的总需求量；

　　　r_{ik}——活动 i 每个时段对资源 k 的需求；

　　　k——资源编号，$k=1$，2，…，K；K 为资源总数；

　　　A——有向弧集合，表示活动间的先后顺序；

　　　t——第 i 个时间段编号，$t=1$，2，…，T；

　　　T——时间段总数；

　　s_i，s_j——决策变量，表示活动的开始时间，初始时间为 0；

　　　d_i——活动 i 的工期；

　　　s_n——项目截止日期；

　　　N——活动集合；

　　　Λ_t——在时段 t 所有正在执行的活动集合。

（5）装配式建筑工程资源均衡模型

1）问题假设

本书研究的装配式建筑项目资源均衡问题，仅考虑人力资源，提出如下假设。

假设1：装配式建筑工程项目调度属于多项目调度工程，假设资源配置问题总共有 3 个项目，主要分为装配空间项目、运输空间项目和生产空间项目 3 项调度内容。项目的总工期保持不变，项目之间存在时间约束且项目之间存在先后顺序，主要是装配空间的施工作为主要施工项目内容，需在生产与运输空间施工后进行。

假设2：每个工序作业持续时间不变，工序的紧前紧后关系确定不变，单个工序作业连续不可中断。

假设 3：每个工序的资源需求量在项目开始施工前确定，执行过程中数量保持不变。

假设 4：不考虑在施工过程中的资源浪费问题。

假设 5：由于项目施工过程中会涉及人工、材料和设备的使用单位不一致，因此统一使用资源消耗强度 $R(i_k, j_k)$ 表示项目 k 中的工序 (i, j) 的消耗资源。

假设 6：整个项目只有一种执行模式，不考虑赶工与拖延的情况。

2）确定目标函数

基于以上分析假设，引入资源方差作为评价资源均衡配置的目标。通过添加辅助工序转化为单一项目，确定关键路线与关键工序，进而调整非关键工序的实际开始时间，通过改变开始时间来调整各单位时间内资源使用情况，若目标函数值 σ^2 越小，则说明资源使用量分布越平衡，避免资源闲置或超出资源给定量。本书提出的装配式建筑项目资源均衡问题目标如式（2-25）所示：

$$\min\sigma^2 = \frac{1}{T}\sum_{t=1}^{T}\left[R(t)-\overline{R}\right]^2, \overline{R}=\frac{1}{T}\sum_{t=1}^{T}R(t) \tag{2-25}$$

3）模型约束构建

松弛时间介于最早开始时间和最晚开始时间之间，它的大小决定着该道工序可以调配的空间大小：

$$S(i_k, j_k) = T_L(i_k, j_k) - T_E(i_k, j_k) \tag{2-26}$$
$$(i=1,\cdots,n; j=1,\cdots,n)$$

实际开工时间介于最早开始时间及最早开始时间与松弛时间之和：

$$T_E(i_k, j_k) \leqslant T_S(i_k, j_k) \leqslant T_E(i_k, j_k) + S(i_k, j_k) \tag{2-27}$$

在网络计划图中，若某项工序存在紧前工作（可能一个或多个），那么该工序的开始时间为所有紧前工作完毕，产生的约束如式（2-28）所示：

$$\max[T_S(v_k, i_k) + T(v_k, k_k)] \leqslant T_S(i_k, j_k) \leqslant T_L(i_k, j_k) \tag{2-28}$$

式中 $S(i_k, j_k)$ ——项目 k 中的工序 (i, j) 的松弛时间；

$T_L(i_k, j_k)$ ——项目 k 中的工序 (i, j) 的最晚开始时间；

$T_E(i_k, j_k)$ ——项目 k 中的工序 (i, j) 的最早开始时间；

$T_S(i_k, j_k)$ ——项目 k 中的工序 (i, j) 的实际开工时间；

$T_S(v_k, i_k)$——项目 k 中的工序 (i, j) 的紧前工序集合的实际工期；

$T(v_k, k_k)$——项目 k 中的工序 (i, j) 的紧前工序集合的工期。

资源配置过程中，人力资源平均每天的消耗量：

$$\overline{R} = \frac{1}{T} \sum_{t=1}^{T} R(t) \tag{2-29}$$

$$T = \max T_k \tag{2-30}$$

式中　T_k——项目 k 在实施阶段的总工期；

　　　T——整个项目的工期。

整个项目单位时间内消耗的资源量表示为：

$$R(t) = \sum_{K=1}^{m} \sum_{(i_k, j_k)} R_t(i_k, j_k)$$
$$= \sum_{(i_1, j_1)} R_t(i_1, j_1) + \sum_{(i_2, j_2)} R_t(i_2, j_2) + \cdots + \sum_{(i_m, j_m)} R_t(i_m, j_m) \tag{2-31}$$

式中　$R(t)$——在第 t 天所有项目的资源消耗之和；

$R_t(i_k, j_k)$——第 t 天项目 k 的工序 (i, j) 的资源消耗。

另外，对于工序 (i, j) 的工作时间 t 需要在实际开工时间和实际竣工时间之间，如果满足这个约束，资源消耗可以表示成 $R(i_k, j_k)$，否则，资源消耗是 0，即

$$R_t(i_k, j_k) = \begin{cases} R(i_k, j_k), T_S(i_k, j_k) \leqslant t \leqslant T_f(i_k, j_k) \\ 0, \text{else} \end{cases} \tag{2-32}$$

式中　$R(i_k, j_k)$——项目 k 中工序 (i, j) 的单位时间内所消耗资源；

$T_f(i_k, j_k)$——项目 k 中工序 (i, j) 的实际竣工时间。

2.2　项目调度理论研究方法

装配式调度问题理论来源于生产调度理论，装配式调度问题也可使用生产调度理论的研究方法进行研究。根据所研究问题的不同，调度问题的研究方法可以大致分为数学规划方法、规则调度方法、智能调度方法和仿真调度方法。

2.2.1 数学规划方法

数学规划方法是一种基于数学方法的最优化方法。通过将需要求解的问题转化为以目标函数和约束条件为主体的数学规划问题，再选择合适的数学规划求解方法来求解，从而得到满足约束的最大或最小目标解。数学规划方法用分支定界法、拉格朗日松弛法、动态规划法、混合整数线性规划（mixed integer linear planning，MILP）法等方法来解决生产调度问题。

（1）分支定界法

分支定界法（branch and bound，BB）的基本原理是利用搜索树分割解空间，再按照预定规则将其细分为若干个子空间，这一过程称为分支过程，然后对子空间进行合理定界，排除不含最优解的子空间，达到缩小解空间的目的。Stinson 等最早将分支定界法引入 RCPSP，此后一些学者在此基础上进一步进行研究，提出了多种分支定界策略。Haouari 等提出了一种针对混合流水车间的分支定界法，为解决混合流水车间的复杂问题提供了一种具体的步骤。但分支定界法计算复杂，计算时间长，对于超过 60 项工作的项目无法使用分支定界法，所以在处理实际调度问题时其使用十分有限。

（2）拉格朗日松弛法

拉格朗日松弛法（lagrange relaxation technique，LRT）的基本思想是通过引入拉格朗日乘子将难以处理的复杂约束松弛到目标函数中，并通过求解对偶问题得到原问题上界。拉格朗日松弛算法能够提供较好的次优解，并进行定量评估。Wang 等构建了等同并行机的订单接受与加工调度问题模型，并运用拉格朗日松弛算法和分支定界法求解研究问题。

（3）动态规划法

动态规划法（dynamic programming，DP）是一种求解组合优化问题精确解的方法，其把复杂问题分解为若干个小问题，在每一个小问题中寻找最优解，最后将其合并得到复杂问题的解。动态规划法实质上是一种隐枚举全部空间的搜索方法，适用于求解 NP-hard 问题。Sonmez 和 Baykasoglu 在工件顺序相同的基础上对多阶段生产环境提出一种动态规划公式求解方法，并通过实例论证了动态规划的使用和求解过程。Bautista 和 Pereira 通过动态规划求解装配线平衡问题，首先枚举所有可以到达的状态，然后利用动态规划算法来减少解空间。Hwang 和 Lin 在两阶段装配流水车间中，结合动态规划算法和问题转换，联合求解总完工时间、最大延迟时间、总延迟时间和延迟次数最小的问题。

（4）混合整数线性规划法

混合整数线性规划法（mixed integer linear planning，MILP）在现实生活中应用广泛，可应用于工程设计、工业生产等各个领域。Xia 和 Wu 在半导体封装测试生产的两阶段调度问题中应用了混合整数规划方法并取得了较好的解空间。Garcia-Sabater 在整数规划模型的基础上，建立了两个 MILP 模型，并开发了一个支持 Web 的高级计划与排程（advanced planning and scheduling，APS）系统。Luo 和 Pong 在混合整数线性规划方法的基础上，解决了炼油过程的短期调度问题。因为 MILP 问题求解是一个非确定性多项式问题，所以这类问题的求解方法有着不断进一步优化的空间。

2.2.2 规则调度方法

规则调度方法是指在系统运行时，根据一定的规则和策略决定下一步操作的方法。其计算复杂度低，方便操作，并且只需选择恰当的调度规则即可产生相应的调度序列。调度规则即优先分配规则，其是指一个或多个优先规则的组合。Panwalkar 和 Iskandar 总结了 113 种不同的调度规则，并给出了其定义和出处，将其分为简单优先规则、组合式优先规则、加权优先规则、启发式调度规则和其他规则 5 类。

简单优先规则通常只包括一些简单的指标，如工序约束、交货日期等，但是简单优先规则只能针对个别的调度目标，很难优化全部的性能指标。组合式优先规则是将简单优先规则互相结合起来，在解决动态调度问题时可以体现一定优势。加权优先规则可以看作组合式优先规则的扩展，针对不同的调度性能指标，赋予与其相关性较高的简单优先规则更高的权重，并相互结合起来，使组合规则得到更高的利用。生产调度的启发式规则是由若干个优先规则和启发式组合而成，在生产调度中用于从未调度的工序中选择下一道进行调度的工序，启发式规则按照复杂程度可分为简单启发规则、组合式启发式规则、加权启发式规则和专家经验启发式规则等。

规则调度在一定的应用范围内可以获得满意的调度结果，但是其应用的有效性依赖于对某一性能指标的需求及相应的生产环境状态，调度结果通常是局部优化的。另外，在多品种小批量的生产模式下，生产过程中的不确定性和约束复杂性不断增加，调度规模通常比较大，并且不同的任务或资源具有不同的性能指标要求，很难通过确定的规则应用来获得满意的调度结果。

2.2.3　智能调度方法

调度研究经过不断的发展，也逐渐由理论化转向实际应用，并且人工智能领域也取得了丰富的成果，也为调度方法的研究奠定了基础。智能调度方法也可分为专家系统、神经网络、智能搜索法。

（1）专家系统

专家系统是人工智能的分支，在生产调度研究中专家系统占有重要地位。调度专家系统通常将领域知识和现场的各种约束表示成知识库，然后按照现场实际情况从知识库中产生调度方案，并能对以外情况采取相应的对策。虽然专家系统取得了很大的进展，应用的领域也越来越广泛，但其仍存在一些问题：知识自动获取功能不够完善。知识库的管理维护功能有待完善、在知识推理中，引入人的偏好和判断等。

（2）神经网络

神经网络算法可以如同生物大脑一样进行自发性的推理决策等智能行为的特性，得到了广泛研究。自从在 1985 年被 Hopfield 和 Tank 提出后得到了迅速发展。Fnaiech 等在将 hop-field 神经网络运用到了静态调度问题的联合生产维护上。谈宏志等应用 BP 神经网络和模拟退火算法来解决车间工件加工工时完成率问题，并建立网络模型对完成率进行预测。

（3）智能搜索法

智能搜索法其核心是从一个初始值出发，得到解的领域，在邻域中搜索出更优解，通过不断的迭代达到获得最优解的目的。智能搜索法主要包括遗传算法、模拟退火算法以及禁忌搜索算法。

1）遗传算法

遗传算法源于达尔文生物进化论中"优胜劣汰、适者生存"的思想。Holland 最早提出遗传算法这一概念，为遗传算法后续的发展奠定了基础。Goldberg 完整地说明了遗传算法的基本原理和理论框架，使之更加完整。王秀利和吴惕华针对典型的两机流水车间成组调度问题，提出了两阶段优化的遗传算法。Ying 等对带有序列相关准备时间的无等待流水车间成组调度进行了研究，提出了相应的遗传算法。Qin 等研究了一类带有工件学习效应和序列相关准备时间的流水车间成组调度问题，采用了一种基于群体优化的遗传算法对问题进行求解。

遗传算法作为一种智能优化算法，优点在于具有较强的全局寻优能力，通过扩大解空间并且采用不同的遗传算子，可以充分发挥种群内的优势，避免过早地陷入局部最优。但是遗传算法的局部搜索能力较差，导致单纯的遗传算法比较耗时。

2）模拟退火算法

模拟退火算法由 Metropolis 最早提出，是一种基于固体降温过程的随机寻优算法。Bouleimen 等基于单执行模式和多执行模式的 PCPSP 问题，提出一种新的模拟退火算法加以求解。模拟退火算法虽然有摆脱局部最优解的能力，但是由于模拟退火算法对整个搜索空间的状况掌握不够全面，不便于使搜索过程进入最有希望的搜索区域，使得模拟退火算法的运算效率不高。

3）禁忌搜索算法

禁忌搜索算法是一种亚启发式随机算法，Pan 等设计了基于工作列表的禁忌搜索算法，通过灵敏度分析给出算法的最优参数值，获得满意的求解效果。Salmasi 等以最小化总完工时间为目标，提出一种改进的禁忌搜索算法。Solimanpur 和 Elmi 研究了一类带有有限缓冲区域的多阶段流水车间成组调度问题，提出了一种两阶段禁忌搜索算法分别求解工件组间和各工件间调度两个子问题。禁忌搜索算法由于其灵活的记忆功能，可以跳出局部最优解，并转向解空间的其他区域，提高获得全局最优解的概率。

2.2.4 仿真调度方法

在动态调度研究中最常使用的方法为仿真调度方法。仿真调度方法围绕现实生产环境建模来真实模拟，进而解决了对调度问题进行理论分析困难的问题。因为仿真调度方法是针对所模拟的实际环境做了假设和近似，并且仿真模型的建立很大程度上依赖于随机分布等参数的选择，所以仿真调度方法的结论会因其所建立的模型不同而不同。

Jeong 和 Kim 针对柔性制造系统，在仿真法的基础上建立了一种实时调度方案。Hsieh 等针对半导体生产线，提出了一种基于仿真模型的动态调度规则选择方法。王玉和刘昶等在对不同类型的生产机器和需求等情况分析的基础上，对半导体封装生产线的动态调度方法进行了研究，并建立 Extendsim 仿真模型，得到了综合调度策略。朱传军等对作业车间动态调度问题建立了仿真模型，并以调度稳定性和鲁棒性为优化目标，提出了基于周期和事件驱动的混合重调度策略。陈晓慧和张启中等针对冷拔钢管生产车间的可重入生产的调度问题进行仿真优化求解，并进一步采用遗传算法进行调度参数优化。

2.3 工程项目网络计划技术

2.3.1 活动序列生成

根据总体目标，通过引入资源线确定技术安排，用邻接矩阵储存项目网络图，结合拓扑排序的方法，实现在不同资源下工程项目的所有调度计划，并根据目标函数确定最优资源线及最优调度计划。

（1）资源线的确定

当改变资源分配总量时，需要对应调整其最优调度计划，称该资源总量为资源线。当改变资源线时，项目的工期也会随之改变。若资源线过高，则资源成本过高，后期各任务工作畅通，资源冲突的情况会相应减少，会更大程度上保证项目按时完成；反之，若资源线过低，则资源成本较低，后期安排各任务工作时资源有很大的冲突，导致工期延长。因此，一定存在一条使最终综合成本值最小的资源线，即为最优资源线。图 2-2 简单地描述了资源线与工期的关系，其中 S_{best}、t_{best} 即为对应的最优资源线和工期。

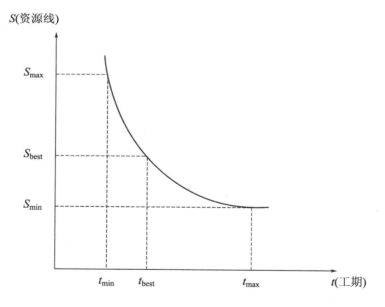

图 2-2　资源线与工期的关系

经分析，可按以下步骤确定最优资源线。

① 运用关键路线法确定初始调度计划，在没有考虑资源约束的情况下，得到一组工期和初始资源线，资源消耗量最大的就是项目的最大资源线，该工期为项目的理论最优工期，计算当前项目工期和资源的综

合成本值，并作为全局最优值。

② 在资源约束下，逐步降低初始资源线，确定在每个资源线下的最优调度计划，从而得到新的工期和成本值，并将该成本与目前最小成本值进行对比，保留最小的成本值及其对应的调度计划。

重复②，直至资源线减至最低值，按每个工序计算的资源最大消耗量即为该项目资源线的最低值，即 $S_{min} = \max s_{ij}$，停止工作。

最终综合成本值最小时的资源线即为最优资源线，同样也对应其最优调度计划。

（2）拓扑排序

一个较大的工程往往会被分成若干个子工程，这些子工程称为活动。在整个工程建造过程中，有些活动的开始时间是以它所有紧前活动的完成时间所决定的，必须在所有紧前活动完成后才能开始；有些活动没有先决条件，可以在任意时间开始。为了形象地表现出各个活动之间的先后关系，可以用有向图来表示。通常使用 AOV 网（activity on vertex network），即顶点活动网，以便清晰表达各活动之间的逻辑关系。

在 AOV 网没有回路的前提下，将全部活动排成一个线性序列，使得若 AOV 网中有活动 (i, j) 存在，则在这个序列中，i 一定排在 j 的前面，具有这种性质的线性序列称为拓扑有序序列，相应的拓扑序列的算法称为拓扑排序。进行拓扑排序的方法如下。

① 在 AOV 网中选一个入度为 0 的顶点（没有前驱）且输出。

② 在 AOV 网中删除此顶点及该顶点发出的所有有向边。

重复①、②两步，直到 AOV 网中所有顶点都被输出或网中不存在入度为 0 的顶点。

（3）邻接矩阵

用来表示有向连接图中各元素之间连接状态的矩阵叫作邻接矩阵。在实际的生产过程中，通常使用 AON 网，即单代号网络图来表示各个活动之间的逻辑关系，AON 网络不能直接在计算机中体现，因此引入邻接矩阵在计算机中实现 AON 网络的存储，它是生成活动调度的约束依据。通过邻接矩阵，可以生成项目的调度计划。

首先通过邻接矩阵进行逐列读取，用行代表紧后工序，列代表紧前工序，用"1"代表工序间有约束，工序间无约束则可以用"0"代表。若邻接矩阵的第 i 列元素全部为 0，则该活动是系统的原点，即其无紧前工作；若第 j 行的元素全部为 0，则该活动是系统的汇点，即其无紧后工作。例如某工程项目的网络图包含项目的 7 个活动如图 2-3 所示。

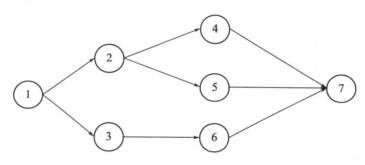

图 2-3　某工程项目网络图

在图 2-3 中，活动 1 为输入点无紧前活动，因此邻接矩阵的第一列为 0，接着对活动 1 的紧后活动进行读取，活动 2 和活动 3 都为活动 1 的紧后工序，所以矩阵第一行的第二列和第三列都为 1，且活动 2 和活动 3 除活动 1 外没有其他紧前活动，所以第二列第三列的其他位置均为 0，其邻接矩阵如图 2-4 所示。

$$R = \begin{bmatrix} 0 & 1 & 1 & 0 & 0 & 0 & 0 \\ 0 & 0 & 0 & 1 & 1 & 0 & 0 \\ 0 & 0 & 0 & 0 & 0 & 1 & 0 \\ 0 & 0 & 0 & 0 & 0 & 0 & 1 \\ 0 & 0 & 0 & 0 & 0 & 0 & 1 \\ 0 & 0 & 0 & 0 & 0 & 0 & 1 \\ 0 & 0 & 0 & 0 & 0 & 0 & 0 \end{bmatrix}$$

图 2-4　邻接矩阵

2.3.2 调度进度生成机制

进度生成机制（schedule generation scheme，SGS）最早由 Kelley 提出。进度生成机制能够从 0 开始或通过逐步扩大局部进度计划来生成一个完整可行的项目进度计划。进度生成机制又可以分为串行进度生成机制和并行进度生成机制。

（1）串行进度生成机制

串行进度生成机制（serial schedule generation scheme，SSGS）用于根据一个活动列表、优先权值列表或优先规则，生成一个可行调度。串行调度机制包含 J_j 个阶段，在每一个阶段中对于每一个活动的选择都是在时序约束和资源约束的条件下进行的，然后让该任务尽快开始。在串行调度中，将已经进行调度的活动集合记为 P_n，集合中包括了所有已经分配了资源以及安排了开始时间的所有活动，未被进行调度的活动集合记为 E_n，在项目的开始阶段，将活动的开始时间设置为 0，每个 E_n 都要在阶段开始之前重新确定，从 E_n 中依据优先规则确定下一个被调度的活动。在满足紧前关系和资源约束的条件下，为活动尽可能安排较早的开工时间，并分配其所需的资源，然后将这个活动从集合 E_n 中移除，进入到集合 P_n 中。串行调度机制按照此方法一直进行，逐步扩展调度，直到 E_n 为空，完成整个项目调度。

（2）并行进度生成机制

并行进度生成机制（parallel schedule generation scheme，PSGS）是通过逐步扩展局部进度计划生成一个完整可行的项目进度计划的方法。对于一个包含 n 个任务的项目来说，一个局部进度计划只包含 m（$m < n$）个任务。并行进度生成机制最多可以包含 J 个阶段（即当项目中的所有活动都串行安排时），每个阶段对应有一个或多个活动安排。项目开始时，使任务 $m=0$ 的完成时间为 0，每个阶段 j 分两步。

第一步，确定时间点 t_g，以及已完成任务集合 C_g、正在进行任务集合 I_g、可执行任务集合 U_g、和资源量 $r_{k(t)}$。

第二步，从 U_g 中选取一个任务，并安排该任务在时间点 t_g 开始。

然后将该任务剔除出 U_g，并继续安排任务的开始时间，直到 U_g 为空。这时，并行进度生成机制进入下一阶段，时间 t_{g+1} 为所有在阶段 j 中被安排开始时间的任务的最早结束时间。

2.4 鲁棒性项目调度问题

2.4.1 鲁棒性项目调度

随着全球市场竞争日益激烈，要求现代化的项目周期更短、准时完工率更高、成本更低。然而，随着现代项目环境的日益变化，不确定性和风险增加。在新的实践背景下，项目调度问题呈现出 3 个新的特点。

1）项目结构及规模更加庞大复杂

近年来，超大型复杂项目不断涌现，范围涉及公共工程项目、基础设施项目及国防工程项目等。这类项目投资大，耗时长，实施过程涉及多个利益相关方，其调度控制过程很困难。

2）项目执行过程中充满了各种不确定性

延迟或提前、资源可用性的波动、原材料到达或取消新的任务、交货期的改变、项目范围和天气变化都会不同程度地影响项目的实施。各种随机因素的出现严重破坏了原有调度方案的可行性，更难保证原有调度方案的优化性能。此外，在实际的调度系统中，一些重要的数据信息往往不是一个精确的数量值。这是因为传统的调度算法不能很好地工作。

3）项目管理的多目标性

Ballestin 和 Blanco 指出，项目管理是一个明确的多目标决策问题。实际的项目进度计划通常考虑多个目标，一些可能会冲突，而另一些则相互促进，如持续时间、成本、净现值、质量、资源平衡、任务交付目标和稳健性进度安排。多目标也使调度的复杂性和计算量急剧增加。

随着经济全球化的发展和信息技术的发展，企业之间的合作越来越紧密，以动态联盟、敏捷虚拟企业和网络化制造为形式的跨企业项目管理模式，对项目进度计划的可行性、稳定性和准确性提出了更高的要求。除了跨企业项目的进度安排，在资源约束和优化目标方面还有两个突出的特征。

① 资源的不确定性高

跨企业项目所使用的资源属于不同的企业，经营企业有自己的生产经营模式和决策机制。与此同时，企业还将承担多个项目，而且往往不能及时提供资源。资源不确定性是跨企业项目计划与调度过程中不可忽视的一个因素。

② 调度的鲁棒性要求高

跨企业项目计划是每个合作企业制定生产和采购计划的基准。一旦在实施过程中发生变化，就会带来巨大的变化和协调成本，甚至造成项目延误。不同于传统的目标，如最短的持续时间、最低的成本或资源的均衡利用，跨企业项目调度的重要目标是使调度过程的鲁棒性达到最大，即项目调度的稳定性和抵御不确定性交付期的干扰能力。

可以看出，各种随机因素的出现，不断干扰项目实施过程，规划阶段获得进度计划将不再是最优或不可行的，特别是对于现代项目来说，其创新性更大、规模更大、复杂性更高，更加增加了基准进度计划如期实施的难度，因此，不确定性一直处于项目管理的核心地位。传统的理论和方法缺乏对随机变化的动态调整和调度方案的灵活性，因此实践对不确定环境下的项目管理研究提出了迫切的要求。鲁棒性项目调度优化问题正是在这一背景下催生的一个新的研究分支。

（1） 鲁棒性调度的概念

鲁棒性项目调度（robust project scheduling）是在 RCPSP 后发展出的一个新领域，并且不断有新的研究成果涌现。鲁汶大学较早地对项目鲁棒调度领域展开了研究，2004～2005 年，Herroelen 和 Leus 发表了两篇有关不确定环境下项目鲁棒调度的文章，2009 年 Demeulemeester 和 Herroelen 整理了有关鲁棒调度的研究成果，出版了《Robust Project Scheduling》一书。书中不仅系统地总结和分析了以往的研究成果，同时也对新的研究成果进行了深入的研究和分析。这些研究成果的问世，都标志着项目鲁棒调度问题研究正逐步地走向成熟。

项目调度中的鲁棒性通常是指调度方案的稳健性，即能够抵抗由于不可控因素导致的计划拖延，使项目完成过程中具有较好的稳定性。鲁棒性项目调度优化研究刚起步，基本鲁棒性项目调度通常涉及前摄性调度和反应性调度。

1）前摄性调度

前摄性调度（proactive scheduling）是指在项目开始前预先考虑潜在的不确定因素，通过适当的设置时间冗余或资源冗余或两者来有效提高调度计划的鲁棒性。

2）反应性调度

反应性调度是指在项目执行过程中，当不确定因素出现时，根据当时情形利用有效的调度策略对原调度方案进行实时在线调整或修复，完全重调度。完全重调度即反应性调度的一种极端情形。与前摄性调度相比，反应性项目调度的研究更少。

（2）鲁棒性评价指标

鲁棒性一般是指系统的抗干扰能力，即系统在紧急情况下继续保持正常运行。项目进度计划的鲁棒性主要体现在进度计划的阻力和容忍度上，这些阻力和容忍度可能会影响项目的正常实施。在研究项目调度计划的鲁棒性时，主要考虑了调度计划的稳定性和施工周期。因此，项目鲁棒性评价指标主要根据计划稳定性和建设周期分为解鲁棒性（solution robustness）和质量鲁棒性（quality robustness）两方面，另外也可以从上述两者复合的角度进行评价。

1）解鲁棒性

解鲁棒性也称为进度计划的稳定性，主要衡量基线进度计划 S 与实际执行时的进度 S' 的差异性。解鲁棒性衡量指标为：

$$\Delta(S,S') = \sum_{i \in N} \omega_i |S_i - s_i| \tag{2-33}$$

式中　N——活动编号集合；

　　　ω_i——活动 i 单位时间的惩罚成本；

　　　S_i——活动 i 在实际进度中的实际开始时间；

　　　s_i——活动 i 在基线进度计划中的计划开始时间。

活动 i 单位时间的惩罚成本即活动 i 的实际开始时间早于或晚于计划开始时间一单位所产生的成本。

基于式(2-33)，主动型调度计划鲁棒性的最大化，就等价于最小化活动的计划开始时间与实际开始时间差异的期望的加权和。

2）质量鲁棒性

质量鲁棒性主要衡量调度计划应对不确定因素干扰的敏感程度，属于敏感性指标。当个别活动出现拖期时，所构建的调度计划不会因个别活动的影响而造成计划目标改变，则该计划的质量鲁棒性好。质量鲁棒性衡量计划鲁棒性时，多采用目标函数的期望值和项目及时率作为衡量指标。

3）复合鲁棒性

复合鲁棒性指标采用双目标的形式，同时将项目计划的解鲁棒性和质量鲁棒性考虑在内，指标表达式如下：

$$T\big[f(S_n \leqslant t_n), \sum_{i \in N} \omega_i |S_i - s_i|\big] \tag{2-34}$$

式中　S_n——项目的计划完工工期；

　　　t_n——项目设置的截止工期；

　　　T——项目的期望工期；

　　　其他符号意义同前。

式（2-34）同时包含解鲁棒性与质量鲁棒性两个目标函数。如果无法先验获知这一复合目标函数的具体形式，并且 2 个评价准则的相对重要性也无法获知，则无法用 2 个准则的线性组合来反映决策者的偏好。因此，解析方法难以对这一复合目标函数进行有效处理，仿真方法也就成为一种替代选择。

（3）鲁棒性项目调度分类

1）按调度计划编制和执行阶段

调度计划的准备和执行阶段可分为主动鲁棒调度和响应鲁棒调度。主动鲁棒调度产生一个具有一定抗干扰能力的基线调度计划，优化目标具有较强的鲁棒性，如前馈调度、预应力调度、基本鲁棒调度等。响应鲁棒调度就是修复项目调度计划受到干扰后的调度计划，例如重调度、在线调度、随机项目调度、响应调度等。

2）按对项目参数不确定性考虑

根据项目参数的不确定性，可分为 3 类：确定性鲁棒调度、随机鲁棒调度和鲁棒优化调度。确定性鲁棒调度将项目参数作为决定因素，时间最短，鲁棒性差，适用于不确定性小，搜索解空间鲁棒性大的项目。随机型鲁棒调度方案利用已知概率分布或模糊变量的随机变量来处理不确定性参数，该方案具有较强的鲁棒性，适用于不确定性较大的项目。随机规划法、模糊规划法等路径优化调度方法是一种想定方法。该方法根据不利情况处理不确定性，将最坏情况下方案作为鲁棒计划，鲁棒性较好，但调度方案比较保守。

3）按不确定参数

根据参数的不确定性可分为工期不确定鲁棒调度和资源不确定鲁棒调度。鲁棒的调度处理策略一般是采用插入时间缓冲，包括时刻表策略和锦标赛策略。时刻表策略是在活动开始时间之前插入缓冲区，以牺牲工期为代价，称为分散缓冲；锦标赛策略是插入到项目结束时，活动越早开始越好，鲁棒性越差，称为集中式缓冲区。资源不确定性鲁棒调度处理策略是将资源不确定性转化为时间不确定性处理。

4）按鲁棒性优化指标

按鲁棒性优化指标分为最大化解鲁棒的鲁棒调度、最大化质量鲁棒的鲁棒调度和最大化复合鲁棒的鲁棒调度3类。

5）按提高调度鲁棒性方法

提高调度计划的鲁棒性可以采用多种不同的方法，关键链法和分散缓冲法是研究较多且有效的方法，时差鲁棒调度和资源配置鲁棒调度也属于此类范畴。

2.4.2 资源受限项目鲁棒调度

（1）资源受限项目鲁棒调度概念

鲁棒性在 20 世纪 90 年代后期被引入到项目调度领域。资源受限项目鲁棒调度的研究才刚刚兴起十多年。然而，关于资源受限项目调度的研究文献和理论研究却呈现出井喷式发展。目前对资源受限项目鲁棒调度的研究大多将鲁棒性分为解鲁棒性和质量鲁棒性。质量鲁棒性是资源受限项目鲁棒调度中的鲁棒性的另一个重要组成部分。

资源受限项目鲁棒调度是由项目中的活动和数量有限的资源组成的项目调度计划，项目本身具有一定的抵御不确定性的能力。项目活动收集中的每项活动都有一个优先顺序逻辑关系，项目活动集合中的每项活动都有相应的工期以及工期内所需的资源和资源数量。在对资源受限的项目进度计划增加鲁棒性后，项目进度计划可以形成一个鲁棒的资源有限的项目进度计划，最大限度地抵抗不确定性的影响。带有鲁棒性的资源受限项目调度计划具有两方面的优点：

① 减少因不确定性而延长项目活动时间的发生；

② 增加各种活动的稳定性，以确保整个项目的稳定性。

（2）资源受限项目鲁棒性调度构成要素

资源受限项目鲁棒调度构成要素包括优先关系、活动工期、缓冲分配方法以及问题库 4 个方面。

1）优先关系

资源受限项目鲁棒调度的项目活动集合中活动之间的优先关系是通过项目网络和活动之间的逻辑关系来体现的。项目网络在资源受限项目鲁棒调度中表示为

$$G = N(V, A)$$

式中　G———一个项目的网络图；

　　　N———第 N 个项目；

　　　V———项目活动集合中活动的个数集合；

　　　A———活动之间链接彼此的弧的个数集合。

项目网络目前分为两种类型：一类是单代号网络，也被称为节点式网络；另一类是双代号网络，也被称为箭线式网络。

2）活动工期

资源受限项目鲁棒调度中的活动持续时间又称作业时间，是完成活动集合中相应活动或持续完成活动所需的时间。活动工期估计分为确定性活动工期估计和概率性活动工期估计（也称为不确定性活动工期估计）。

当项目环境的不确定性相对较低时，可以采用确定性活动工期估计方法，该方法只确定活动所需工期的相应工期时间。该方法的估算工期为每项活动可能的最长工期，适用于以类似的施工数据或数据和经验作为参考的项目活动工期估算，而工程处于相对稳定的环境中，不会因干扰而引起大幅波动。

当活动处于较大的不确定性环境时，可以使用概率性活动工期估计估计或不确定性活动工期估计。更多研究显示，活动工期一般为正态分布（normal distribution）或服从贝塔分布（beta distribution）。概率性活动工期估计最常用的方法是项目评审计划（program evaluation and review technique，PERT）方法，需要 3 个时间量，分别是：最乐观的时间、最悲观的时间、最有可能的时间。最乐观的时间是指在最顺利的情况下项目活动所需的最短完成时间；最悲观的时间是指在最顺利的情况下完成活动所需的最长完成时间；最有可能的时间是指完成项目活动所需的最可能的完成时间。

3）缓冲分配方法

缓冲是指项目的最大和最小完工工期之间的差异，缓冲区分配是根据某些规则分配给项目活动的。目前，缓冲区分配主要有两个研究方向，一个方向是集中缓冲，另一个方向是分散缓冲。

① 集中缓冲

集中缓冲就是将缓冲全部放在项目调度的最后一个活动之后，增加最后一个活动的活动工期，这类研究主要应用于关键链中。

② 分散缓冲

分散缓冲就是将缓冲按照一定的规则分配到项目的不同活动中，每个活动分配到的缓冲数并不一定，但是其所分配到的缓冲之和小于或等于缓冲总量。

4）问题库

目前，资源受限项目使用的项目调度问题数据库主要有两类：一类是 1984 年由 110 个经典项目调度问题组成的 Patterson 问题数据库；另一类是基于 ProGen 软件的试验设计方法的项目调度问题数据库，称为 PSPLIB 问题数据库。

Patterson 问题库是从相关文献中收集而来的，自提出以来得到了广泛的应用。多年来，它已成为资源受限项目调度研究的标准问题库。Patterson 问题库虽然得到了广泛的应用，但其本身也存在一些问题。

① 问题库的案例来源是从与项目调度相关的文献中收集的，因此，问题库不能涵盖资源受限项目调度的各种情况。

② 问题库仅包含单模式项目调度用例。

③ 问题库中的案例相对简单，对于相关算法的评估效率不高。

PSPLIB 问题库的提出十分有效地解决了 Patterson 问题库存在的上述问题。PSPLIB 问题库采用的是基于实验设计方法产生的适用于算法比较的大型案例，问题库还拥有较多的不同模式项目调度案例。该问题库基本参数如下：项目所包含的活动数量、模式数量（单模式与多模式）、活动工期、可更新资源种类、可更新资源的数量、各个活动对资源的需求量、紧后数量、紧前数量、结束活动数量。

（3）资源受限项目鲁棒调度类别

将资源受限项目鲁棒调度按照不同的分类标准进行相对应的分类。分类标准为调度时间、环境情况、目标函数个数，按照不同分类准则进行分类的资源受限项目鲁棒调度类型如下。

1）按调度时间不同进行分类

资源受限项目鲁棒调度按照调度时间不同，分为主动型资源受限项目鲁棒调度和反应型资源受限项目鲁棒调度两类。

① 主动型资源受限项目

主动型资源受限项目鲁棒调度在资源受限项目的调度研究中占有很大的比重。主动型资源受限项目鲁棒调度是指在项目调度计划初始阶段的项目调度计划。这种主动型资源受限项目鲁棒调度主要分析项目调度计划开始时的不确定因素，以防止干扰的干扰，使资源有限的项目按照调度计划施工。

② 反应型资源受限项目

反应型资源受限项目鲁棒调度是资源受限项目在执行资源受限项目调度计划时，再次进行资源受限项目鲁棒调度的一种类型。资源受限项目的鲁棒调度方法之所以能够得到发展，是因为主动资源受限项目产生的鲁棒调度计划能够抵御一定程度的影响，但是还是会出现按照主动型资源受限项目鲁棒调度的调度计划无法实施的情况。因此，反应型资源受限项目鲁棒调度具有一定的补救效果。

2）按照环境情况不同进行分类

资源受限项目鲁棒调度按照环境类型不同，分为确定型资源受限项目鲁棒调度和不确定型资源受限项目鲁棒调度这两类。

① 确定型资源受限项目

确定型资源受限项目鲁棒调度的研究随着经济的发展、项目规模的扩大正在逐渐地退出人们的视线。早期的资源受限项目鲁棒调度由于其项目较小、工期较短、涉及的资源种类和数量均较少，因此确定型资源受限项目鲁棒调度的调度计划在实际执行过程中不会出现较大的问题。确定型资源受限项目鲁棒调度的研究方法主要为甘特图方法、关键活动图方法、网络计划技术方法等。

② 不确定型资源受限项目

不确定型资源受限项目鲁棒调度的发展是由于确定型资源受限项目鲁棒调度所产生的调度计划难以应对日益蓬勃发展的项目，项目的发展呈现出大型化、复杂化的趋势。不确定型资源受限项目鲁棒调度主要分为两类：一类是工期不定资源受限项目鲁棒调度，另一类是资源不定资源受限项目鲁棒调度。

工期不定资源受项目鲁棒调度产生的调度计划是以项目的活动工期不确定为前提条件，该类资源受限项目鲁棒调度产生的调度计划，主要是利用插入时间缓冲来对抗项目实施过程中产生的不确定性。资源不定资源受限项目鲁棒调度的调度计划是基于项目的资源不确定而产生的，该类资源受限项目鲁棒调度产生的调度计划主要是通过启发式算法，将资源不确定转化为工期不确定，将插入时间缓冲与资源流相结合等方法来生成。

3）按照目标函数个数不同进行分类

资源受限项目鲁棒调度按照目标函数个数的不同分为单目标资源受限项目鲁棒调度和多目标资源受限项目鲁棒调度两类。

① 单目标资源受限项目

单目标资源受限项目鲁棒调度是资源受限项目鲁棒调度研究的主要方向，与多目标资源受限项目鲁棒调度的研究相比，拥有更多的学术文献和研究结果。单目标资源受限项目鲁棒调度研究的是基于某个目标函数，为了达到该目标函数的最优值而通过相应的方法得出的调度计划。

单目标资源受限项目鲁棒调度的分类大致可以分为三类：一类是项目工期最短的单目标资源受限项目鲁棒调度，该类项目调度计划普遍要求达到项目建设完工工期最短。一类是项目活动稳定性最大的单目标资源受限项目鲁棒调度，该类项目调度计划要求达到项目建设过程中项目集合中的各个活动的稳定性达到最优。最后一类是项目资金的净现值达到最大的单目标资源受限项目鲁棒调度，该类项目调度计划要求达到项目建设完成后的净现值达到最大化。

② 多目标资源受限项目

目前关于多目标资源受限项目鲁棒调度的研究较少，而且其中大部分是集中于双目标资源受限项目鲁棒调度的研究，因此本书主要介绍双目标资源受限项目鲁棒调度。双目标资源受限项目鲁棒调度的研究提出是基于在实际操作过程中，项目实施是需要兼顾两个方面，例如：有些项目需要达到项目完工工期最短和项目活动集合中的各个活动的稳定性最优，有的项目需要达到项目完工工期最短和项目现金的净现值最大。双目标资源受限项目鲁棒调度并没有特定的分类，不过现在的研究主要集中于工期、净现值、稳定性这 3 个方面。

（4）鲁棒性项目调度方法

1）鲁棒性调度计划生成策略

在工期不确定的项目环境下，寻求调度计划以解决鲁棒性问题，调度计划必须满足优先级关系和资源约束。由于算法的局限性，直接求解问题非常困难，因此多采用启发式算法，即在计划中加入时间缓冲，以提高规划的鲁棒性。

具体的方法是成为一个满足优先级关系和资源约束的基准计划，然后在此基础上对基准计划加以保护，生成一个具有一定抗干扰能力的调度计划方案，防止其受到各种不确定性因素的影响。基线计划的保护分为两个方面：增加资源约束以建立资源流网络以防止后续调度过程中的资源冲突，以及在活动之间增加时间缓冲以防止前向活动的所有延迟效应对后向活动的无折扣。

2）鲁棒性调度优化目标

鲁棒性调度研究包括基准计划的生成、资源流网络和鲁棒性计划，其中前两类计划是为鲁棒性调度计划提供基本平台的基本计划，对于生成鲁棒性计划至关重要。这 3 种方案追求不同的优化目标，其中基线方案的优化目标是项目的最短完工时间，资源流网络的优化目标是实现资源分配以减少附加约束，减少附加约束对计划鲁棒性的影响；鲁棒性计划的追求目标则是希望在计划中给活动设置分散时间缓冲区，以提高计划的解鲁棒性。

资源流网络计划的优化目标常用的也有很多种，如附加约束数、稳定性成本、MinEA、MaxPF、MinED 等，其中稳定性成本指活动单位延误而造成费用增加数量；MinEA 指最小化由于资源分配而额外增加的直接紧前关系的数量；MaxPF 指最大化项目活动对间的时差总和；MinED 指最小化项目活动的实际执行时间与计划执行时间偏差的期望值。

（5）建筑工程资源受限项目鲁棒性调度

在建筑工程资源受限项目鲁棒性调度中，大多数是以对整个项目进度计划的鲁棒性为目标而建立的调度模型。调度目标主要是两种形式，一种是对解的鲁棒进行最大化；另一种对质量鲁棒进行最大化。在调研的过程中，也多是以自由时差、添加相应权重的活动项目开工变化时间或者是项目能否按时完工的概率等为指标，这些指标都与工期有关。在鲁棒性项目调度的发展过程中，有许多学者对建筑工程资源受限项目鲁棒性调度进行了深入的研究。

张静文等在传统的关键链方法的研究过程中发现，理论上将输入缓冲插入基准调度计划就可获得二次调度计划，且二次调度计划能够吸收活动工期一定程度的波动。然而，当插入输入缓冲时，通常在基准调度计划中引起二次资源竞争冲突，这种现象被称为传统关键链方法中的二次资源冲突困境。基于鲁棒调度优化理论，探究各种冲突子问题的有效对策并归类，据此开发出一种消除二次资源冲突的局部重调度启发式协调策略，根据策略设计基于两次调度进程和两类缓冲动态消耗的鲁棒性指标，采用鲁棒性关键链项目调度问题输出鲁棒性最大的调度方案。最后得出基于鲁棒调度优化的二次资源冲突消除策略及设计的关键链鲁棒性指标在项目实施中具有较好的稳定性效果。

陈伟等根据装配式建筑工程具有在构件生产、物流运输、现场装配等多维作业空间并行实施的特点，其工程进度网络计划复杂，为保证多维作业空间的工作协调有序进行，分别构建基于关键链技术的装配式建筑工程集中缓冲、分散缓冲进度计划，建立质量鲁棒性、解鲁棒性两类指标对计划的稳定性进行评价。表明基于鲁棒调度优化的二次资源冲突消除策略及设计的关键链鲁棒性指标在项目实施中具有较好的稳定性效果。

以上资源受限项目的鲁棒性调度研究成果，为后续装配式鲁棒性项

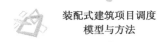

目调度问题研究提供了丰富的理论。

2.5　本章小结

　　本章分别从资源调度、理论研究方法、工程项目网络计划技术以及鲁棒性项目调度四个方面介绍了本书的理论基础。首先重点介绍了资源调度概念以及其主要由资源受限及资源均衡两部分构成；介绍了资源受限概念及分类，对其从单目标、多目标方向进行分类研究；介绍资源均衡概念，对其从资源目标、经济目标、质量目标以及多目标角度对目标函数进行划分归类，对其现有的装配式资源均衡模型进行了总结。其次，介绍了项目资源调度理论研究方法有数学规划、规则调度、智能调度以及仿真调度，为本书提出的内容提供理论支撑。然后，介绍了活动序列的生成以及调度进度生成机制，对工程项目网络计划编制提供了知识基础。最后，对鲁棒性项目调度问题进行详细介绍，先从鲁棒性项目调度的概念、评价指标以及调度类别进行介绍，然后进一步介绍资源受限项目鲁棒调度的概念、构成要素、调度类别以及调度方法。

第3章

装配式建筑工程资源均衡模型构建方法

3.1 装配式建筑工程资源调度问题分析

对于装配式建筑工程来说，装配作业、运输作业和生产作业必须同时进行，这些任务在时间上是并行的，并且对某些资源有共同的需求。装配式建筑项目区别于其他多项目并行工程，最大的特点就体现在作业之间的整体性。如果独立优化每个作业空间资源，无法实现项目资源需求整体均衡分布。

为了使问题的求解具有可操作性，本章在装配式建筑工程项目调度过程中以装配空间调度计划为最高优先级这一建设目标展开。基于此特征，提出一种装配空间主导下的调度技术。该调度技术可确保其他空间的建设周期在满足装配空间的建设周期前提下确立，基于每个作业空间的连续运行，在保证其他空间工期满足装配空间工期为前提，以各空间连续性作业为基础，确保最均衡地利用项目资源。具体过程如下。

（1）第一阶段

在装配空间进行作业时，根据本空间作业目标及工作能力安排项目的调度计划，并事先向生产空间预定下一建设单元所需组件数量。

（2）第二阶段

生产空间在下一建设单元装配作业开始前，需要准备好相应数量的构配件，确保每个工序的连续性，避免出现时间间歇，即根据目前装配空间生产能力来安排调度计划。

（3）第三阶段

生成装配、生产、运输作业空间各自初始调度计划。在总目标及项目之间相互限制下，装配空间引导生产空间完成调度。生产空间通过其调度结果反向限制装配空间调度计划。最后，通过智能算法可以获得满足决策者喜好的多空间组合调度计划。将装配式建筑工程项目多空间关联式资源调度过程运用图形表达，以时间轴为水平轴，每个工作空间为纵向轴，在示意图中表示三个空间的调度过程。通过分析，提取三个最基本的工作空间的并行调度过程作为一个典型的施工单元，参考陈伟等提出的施工单元降维方法，对装配式建筑工程关键调度过程进行模拟解析。装配式建筑施工流程节点式网络图如图 3-1 所示。

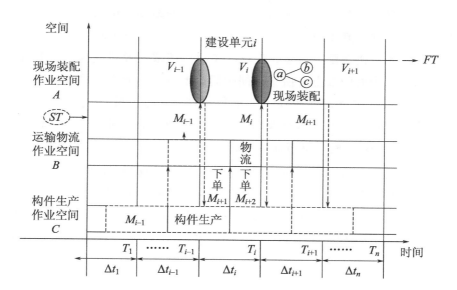

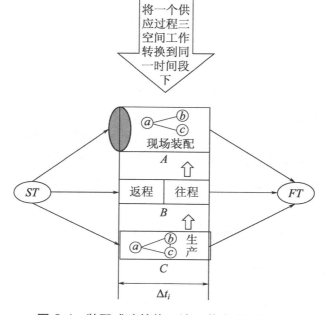

图 3-1　装配式建筑施工流程节点式网络

图 3-1 中 ST 和 FT 分别表示添加虚工作的开始节点和结束节点（虚工作是指既不占用时间也不消耗资源的一种虚拟工作），这两个节点不消耗资源且持续时间为 0。

在调度过程中，坚持现场装配作业优先的原则，依据时间，将整个装配式住宅项目施工过程分成 n 个时间段，Δt_i 是一个时间段，表示一个建设单元。由装配、运输、生产三个过程组成的经典流程，一般情况下分布在三个时间段上。由于不同时间段上各个作业空间的工作内容存在差异，可看作重复性工作，即重复生产—运输—装配这个流程。因此，为了使资源均衡问题可操作，将三个作业空间通过降维技术转移至相同时间段 Δt_i，然后进行研究分析。

在施工活动开始时，A 空间向 C 空间下单预制构件 M_i，C 空间在接到订单后，开始生产 M_i，生产完成 M_i，则立即通过 B 空间把构件 M_i 运输到 A 空间的堆放地 V_i 处。M_i 到达堆放地 V_i 后，A 空间开始单元（$i+1$）的建造，并向 C 空间下单 M_{i+1}，循环往复，直到工程完工。

3.2　装配式建筑工程关键路线及工期确定

装配式建筑工程项目用双代号网络计划表示。为了更好地对模型进行研究，需要首先寻找项目的关键路线，并确定关键路线上的工序为关键工序。其次，通过累加关键工序的持续时间计算出整个项目的工期。这样可以为网络计划的优化、调整和执行提供清晰的时间参数。本书采用双代号网络图，选用工作计算法对时间参数进行计算。

3.2.1　时间参数概念及符号表示

（1）工作持续时间

工作持续时间（D_{i-j}）是指某项工作从开始执行到完成任务所花费的时间，是一个时间段。其中，i 和 j 表示工序编号。

（2）工期

工期（T）字面理解为完成某项任务花费的时间，细致划分为三类：

第一类是计算工期，这个工期是参照双代号网络图，利用时间参数计算出来的，用 T_c 表示；

第二类是要求工期，要求工期是任务委托人给定的，用 T_r 表示；

第三类是计划工期，参考要求工期和计算工期，由任务实施者确定的一个时间，用 T_p 表示。

计划工期 T_p 的确定可分为以下两种情况。

第一种情况，要求工期 T_r 已知时

$$T_p \leqslant T_r \tag{3-1}$$

第二种情况，要求工期未给定，可以使计划工期和计算工期相同

$$T_p = T_c \tag{3-2}$$

3.2.2 六个网络计划计算时间参数

（1）最早开始时间

最早开始时间（ES_{i-j}）是指位于工序 $i-j$ 之前的所有工序任务完成后，工序 $i-j$ 有可能开工的最早时间点。

（2）最早完成时间

最早完成时间（EF_{i-j}）是指位于工序 $i-j$ 之后的所有工序任务完成后，工序 $i-j$ 有可能结束的最早时间点。

（3）最晚开始时间

最晚开始时间（LS_{i-j}）是指不影响整体项目完工时，工序 $i-j$ 必须开始的最晚时间点。

（4）最晚完成时间

最晚完成时间（LF_{i-j}）是指不影响整体项目完工时，工序 $i-j$

必须结束的最晚时间点。

（5） 总时差

总时差（TF_{i-j}）是指不影响整体项目完工时，工序 $i-j$ 可以使用的时间。

（6） 自由时差

自由时差（FF_{i-j}）是指保证工序 $i-j$ 之后的某项工作的最早开始时间不受影响的前提下，工序 $i-j$ 可以使用的时间。

3.2.3 双代号网络计划图项目参数

（1） 最早开始时间和最早完成时间的确定

工序的最早时间参数受在此之前其他工序的影响，因此，在计算时开始于起点节点，沿着箭头指向利用工序持续时间逐个计算。某工序的开始节点如果为整个网络计划的起始节点，其最早开始时间是 0。设整个网络计划起始节点编号 $i=1$，则：

$$ES_{i-j}=0 \tag{3-3}$$

最早完成时间的计算是最早开始时间与相对应工序持续时间的和。

$$EF_{i-j}=ES_{i-j}+D_{i-j} \tag{3-4}$$

其中，各紧前工序的最早完成时间 EF_{h-i} 的最大值用来确定工序 $i-j$ 的最早开始时间。

$$ES_{i-j}=\max EF_{h-i} \tag{3-5}$$

$$或\ ES_{i-j}=\max(ES_{h-i}+D_{h-i}) \tag{3-6}$$

（2） 计算工期 T_c 的确定

计算工期等于以网络计划的终点节点为箭头节点的各个工作的最早完成时间的最大值。当网络计划终点节点的编号为 n 时，计算工期：

$$T_c=\max EF_{i-n} \tag{3-7}$$

当无要求工期的限制时，取计划工期等于计算工期，即取 $T_p=T_c$。

（3）最晚开始时间和最晚完成时间的确定

工作最迟时间参数受到紧后工作的约束，故其计算顺序应从终点节点起，逆着箭线方向依次逐项计算。

以网络计划的终点节点（$j=n$）为箭头节点的工作的最迟完成时间等于计划工期，即：

$$LF_{i-n} = T_p \tag{3-8}$$

最晚开始时间等于最晚完成时间与其持续时间的差：

$$LF_{i-j} = \min LS_{j-k} \tag{3-9}$$

$$或\ LF_{i-j} = \min(LF_{j-k} - D_{j-k}) \tag{3-10}$$

（4）工作总时差的确定

总时差等于其最晚开始时间减去最早开始时间，或等于最晚完成时间减去最早完成时间，即：

$$TF_{i-j} = LS_{i-j} - ES_{i-j} \tag{3-11}$$

$$TF_{i-j} = LF_{i-j} - EF_{i-j} \tag{3-12}$$

（5）工作自由时差确定

当工作 $i-j$ 存在紧后工作 $j-k$ 时，其自由时差的计算公式为：

$$FF_{i-j} = ES_{j-k} - EF_{i-j} \tag{3-13}$$

$$或\ FF_{i-j} = ES_{j-k} - ES_{i-j} - D_{i-j} \tag{3-14}$$

在网络计划图中，以终点节点（$j=n$）为指向节点的工作，其自由时差 FF_{i-n} 由计划工期 T_p 确定，即：

$$FF_{i-n} = T_p - EF_{i-n} \tag{3-15}$$

3.2.4 关键工作和关键路线确定

（1）关键工作

在网络计划图中，总时差最小的工作是关键工作。

（2）关键路线

关键路线由全部关键工作组成，从开始到结束工作持续时间之和最大的路线。

3.3 装配式建筑工程资源均衡模型构建

3.3.1 模型假设

本书讨论的装配式建筑项目资源均衡问题，资源主要可以分为可更新资源和不可更新资源。对于可更新资源，总量虽然有限，但当某项工作结束需要进行下一项工作时，资源可变更为初始的总量，例如设备、人力资源等；对于不可更新资源，资源量会随着施工的进行而不断减少，如使用的原材料、资金等。本章研究的装配式建筑项目资源均衡问题，仅考虑人力资源，用 R 表示。同时，提出如下假设。

假设 1：装配式建筑工程项目调度属于多项目调度工程，假设资源配置问题总共有 3 个项目，主要分为装配空间项目、运输空间项目和生产空间项目 3 项调度内容。项目的总工期保持不变，项目之间存在时间约束且项目之间存在先后顺序，主要是装配空间的施工作为主要施工项目内容，需在生产与运输空间施工后进行。

假设 2：每个工序作业持续时间不变，工序的紧前紧后关系确定不变，单个工序作业连续不可中断。

假设 3：每个工序的资源需求量在项目开始施工前确定，执行过程中数量保持不变。

假设 4：不考虑在施工过程中的资源浪费问题。

假设 5：由于项目施工过程中会涉及人工、材料和设备的使用单位不一致，因此统一使用资源消耗强度 $R(i_k, j_k)$ 表示项目 k 中的工序 (i, j) 的消耗资源。

假设 6：整个项目只有一种执行模式，不考虑赶工与拖延的情况。

3.3.2 多空间关联项目转换方法

项目资源均衡经典问题描述如下。

采用有向无环图 $G=(N,A)$ 表示一个网络项目。其中：节点集合表示为 $N=1, 2, \cdots, n; 1, 2, \cdots, n$ 代表工序任务；带方向的弧线集合是 A，代表工序任务间的先后顺序，集合 $A\subseteq N\times N$。例如 $(i,j)\in A$，表明工序 j 的紧前工作是 i。把各个工序任务从 1 到 n，从前往后编号，工序的编号总小于该工序紧后任务的编码。

工序 i 的持续时间用整数 d_i 表示，S_i 表示开始时间，完成时间是开始时间与持续时间之和，记作 $S_i+d_i(1\leqslant i\leqslant n)$。$S_n$ 作为终点节点的开始时间，也是整个项目的工期。

工序执行过程中会消耗资源。经典资源调度问题研究时，仅仅将可更新资源（renewable resources）设在考虑范围，并且已知在每个时间段可更新资源供应有限。本章所研究的资源均衡问题中只考虑人力资源。

装配式建筑工程项目往往都是大型复杂工程项目，工序数量庞大，不合理的项目计划安排会出现资源消耗量分布高高低低、错落不平。资源消耗高峰期时，人与设备的负荷很高，加剧了人的疲劳和设备的磨损，影响工程的质量；资源消耗低谷期时，可能出现资源闲置的局面。资源闲置会产生窝工费或保管费，增加资金支出。为避免发生不经济的状况，项目进行工期固定条件下的资源均衡优化，用来改善资源的配置状况。本章针对装配式建筑工程项目资源均衡优化问题给出整体协调优化模型。

为了使装配式建筑项目资源均衡问题求解具有可操作性，需要在装配、生产、运输空间的三个子项目的双代号网络图首尾各添加一个辅助工序，将多个空间作业结合为一个大项目，从而将装配式建筑工程项目的资源均衡问题转化为单项目资源均衡优化问题。需要说明的是，添加的辅助工序均在关键路线上，有一定的持续时间，但无资源消耗，起始辅助工序、结束辅助工序各自共用一个节点。

对于装配式建筑工程项目，可以分为装配作业、运输作业和生产作业，因此共有 3 个项目，$A=(1, 2, 3)$ 为项目集；项目的工序集合为 $B=(i_1,i_2,\cdots,i_n)$，工序任务总数为 n，开始时间为 S_i，单个项目工期为 T_i，添加在收尾的辅助工序分别为 i_s 和 i_e。组合后的大项目的开始时间 S 和项目总工期 T 分别为：

$$S=\min S_i(1\leqslant i\leqslant 3) \tag{3-16}$$

$$T = \max(S_i + T_i) - S \ (1 \leqslant i \leqslant 3) \tag{3-17}$$

为求得既定目标使资源更加均衡，需要对某些工序的开始时间进行调整。在此之前，需要计算辅助工序的持续时间以保证项目的开始时间和工期在调整过程中不发生改变。项目 i 的辅助工序 i_s 和 i_e 的持续时间分别为：

$$d_{i_s} = S_i - S \tag{3-18}$$
$$d_{i_e} = S + T - (S_i + T_i) \tag{3-19}$$

式中　d_{i_s}——项目 i 的辅助工序 i_s 的持续时间；

　　　d_{i_e}——项目 i 的辅助工序 i_e 的持续时间。

辅助工序持续时间的计算，确保了所有辅助工序均是关键工序，在进行均衡操作时关键工序的开始时间不做改动。

3.3.3　模型目标函数确定

基于以上分析假设，引入资源方差作为评价资源均衡配置的目标。通过添加辅助工序转化为单一项目，确定关键路线与关键工序，进而调整非关键工序的实际开始时间，通过改变开始时间来调整各单位时间内资源使用情况，若目标函数值 σ^2 越小，则说明资源使用量分布越平衡，避免资源闲置或超出资源给定量。本章提出的装配式建筑项目资源均衡问题目标如式(3-20)所示：

$$\min \sigma^2 = \frac{1}{T} \sum_{t=1}^{T} [R(t) - \overline{R}]^2$$
$$\overline{R} = \frac{1}{T} \sum_{t=1}^{T} R(t) \tag{3-20}$$

式中符号意义同前。

3.3.4　模型约束构建

松弛时间是介于最早开始时间和最晚开始时间之间，它的大小决定着该道工序可以调配的空间大小：

$$S(i_k, j_k) = T_L(i_k, j_k) - T_E(i_k, j_k) \quad (i=1,\cdots,n; j=1,\cdots,n) \tag{3-21}$$

式中　$S(i_k, j_k)$——项目 k 中的工序 (i, j) 的松弛时间；

$T_L(i_k, j_k)$——项目 k 中的工序 (i, j) 的最晚开始时间；

$T_E(i_k, j_k)$——项目 k 中的工序 (i, j) 的最早开始时间。

实际开工时间介于最早开始时间及最早开始时间与松弛时间之和：

$$T_E(i_k, j_k) \leqslant T_S(i_k, j_k) \leqslant T_E(i_k, j_k) + S(i_k, j_k) \qquad (3\text{-}22)$$

式中　$T_S(i_k, j_k)$——项目 k 中的工序 (i, j) 的实际开工时间。

在网络计划图中，若某项工序存在紧前工作（可能一个或多个），那么该工序的开始时间为所有紧前工作完毕，产生的约束如下所示：

$$\max[T_S(v_k, i_k) + T(v_k, i_k)] \leqslant T_S(i_k, j_k) \leqslant T_L(i_k, j_k) \qquad (3\text{-}23)$$

式中　(v_k, j_k)——项目 k 中的工序 (i, j) 的紧前工序集合；

　　　$T(v_k, i_k)$——项目 k 中的工序 (i, j) 的紧前工序集合的工期；

　　　$T_S(i_k, j_k)$——项目 k 中的工序 (i, j) 的紧前工序集合的实际工期。

资源配置过程中，人力资源平均每天的消耗量：

$$\overline{R} = \frac{1}{T} \sum_{t=1}^{T} R(t) \qquad (3\text{-}24)$$

$$T = \max T_k \qquad (3\text{-}25)$$

式中　T_k——项目 k 在实施阶段的总工期；

　　　T——整个项目的工期。

整个项目单位时间内消耗的资源量表示为：

$$R(t) = \sum_{k=1}^{m} \sum_{(i_k, j_k)} R_t(i_k, j_k)$$

$$= \sum_{(i_1, j_1)} R_t(i_1, j_1) + \sum_{(i_2, j_2)} R_t(i_2, j_2) + \cdots + \sum_{(i_m, j_m)} R_t(i_m, j_m)$$

$$(3\text{-}26)$$

式中　m——项目总数；

　　　$R(t)$——在第 t 天所有项目的资源消耗之和；

$R_t(i_k, j_k)$——第 t 天项目 k 的工序 (i, j) 的资源消耗。

另外，对于工序 (i, j) 的工作时间 t 需要在实际开工时间和实际竣工时间之间，如果满足这个约束，资源消耗可以表示成 $R(i_k, j_k)$，否则，资源消耗是 0，即

$$R_t(i_k,j_k) = \begin{cases} R(i_k,j_k), T_S(i_k,j_k) \leqslant t \leqslant T_f(i_k,j_k) \\ 0, 其他 \end{cases} \quad (3-27)$$

式中　$R(i_k,j_k)$——项目 k 中工序 (i,j) 的单位时间内所消耗资源；

　　　$T_f(i_k,j_k)$——项目 k 中工序 (i,j) 的实际竣工时间。

3.4　案例分析

本章采用方差值最小法来对装配式建筑项目资源调整已达到更加均衡。本章选用的案例数值，由于工序较多，又保持关键工序实施时间不做调整的原则，仅挑选非关键工序加以调整。本节中所绘制的资源使用计划图，数字表示各工序日资源需求量，阴影部分表示各工序开始时间与结束时间，阴影的长度就是各工序的持续时间。首先，依据 CPM 方法，确定各项工序的开始时间与结束时间，并计算每天的资源需求量。从网络计划图的最终工序结束点开始，以非关键工序最早开始时间的后先顺序为原则进行调整，但需保证关键工序时间不变。具体实施步骤如下。

（1）绘制资源使用计划图，计算每一天的资源需求量

初始化资源需求量如图 3-2 所示。

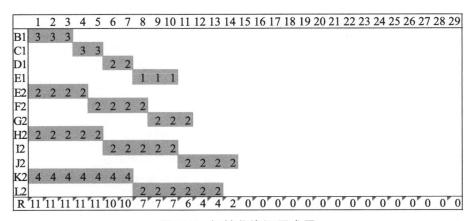

图 3-2　初始化资源需求量

（2）计算资源均衡评价指标

本案例计算均方差值：

$$\sigma^2 = \frac{1}{T}\sum_{t=1}^{T}[R(t) - \overline{R}]^2 \qquad (3\text{-}28)$$

为简化计算，将式（3-28）转换为：

$$\sigma^2 = \frac{1}{T}\sum_{t=1}^{T}[R(t)]^2 - (\overline{R})^2 \qquad (3\text{-}29)$$

若使 σ^2 最小，需使 $\sum\limits_{t=1}^{T}[R(t)]^2 = [R(1)]^2 + [R(2)]^2 + \cdots + [R(T)]^2$ 最小。

对于任意一项工序，设其在第 i 天开始，在第 j 天结束，资源消耗强度为 r。若工序向右移一天，那么第 i 天资源消耗量减少 r，第 $j+1$ 天资源消耗量增加 r，$\sum\limits_{t=1}^{T}[R(t)]^2 = [R(1)]^2 + [R(2)]^2 + \cdots + [R(T)]^2$ 的变化值 Δ 为：

$$\Delta = \{[R(j+1)+r]^2 - [R(j+1)]^2\} - \{[R(i)]^2 - [R(i)-r]^2\}$$

$$(3\text{-}30)$$

整理得： $$\Delta = 2r\{R(j+1) - [R(i)-r]\} \qquad (3\text{-}31)$$

若将工序向右移动 1 天使 $\Delta < 0$，说明移动后的资源均衡性好于移动前，就应将其右移 1 天。在此基础上再考虑工序是否能再向右移动，直至不能移动为止。

若将工序向右移动 1 天使 $\Delta > 0$，说明移动后的资源均衡性差于移动前，不应该移动。但如果工序还有松弛时间，应继续考虑能否向右移动，直至不能移动为止。

在具体计算过程中，通常仅利用式（3-31）中右端 $R(j+1) - [R(i)-r]$ 的表达式，即调整判别式为：

$$\Delta' = R(j+1) - [R(i)-r] \qquad (3\text{-}32)$$

如果将工序向右移动使 $\Delta' < 0$ 就应移动。

再从网络计划的终点节点开始，自右向左调整一次后，还要进行多次调整，直至所有工序都无法移动为止。

在本案例中

$$\overline{R} = \frac{1}{T}\sum_{t=1}^{T} R(t) = \frac{1}{29}(11\times5+10\times2+7\times3+6+4\times2+2) = 3.86$$

$$\frac{1}{T}\sum_{t=1}^{T}[R(t)]^2 = \frac{1}{29}(11^2\times5+10^2\times2+7^2\times3+6^2+4^2\times2+2^2) = 35.31$$

$$\sigma^2 = 35.31 - 3.86^2 = 20.41$$

（3）优化调整

1）第一次调整

① 调整以终点节点为 28 的工序

首先调整工序 J_2，用判别式（3-32），判断能否向右移动。

$R(15)-[R(11)-r_{J_2}]=0-(6-2)=-4<0$，可右移 1 天，$ES_{J_2}=11$；

$R(16)-[R(12)-r_{J_2}]=0-(4-2)=-2<0$，可右移 2 天，$ES_{J_2}=12$；

$R(17)-[R(13)-r_{J_2}]=0-(4-2)=-2<0$，可右移 3 天，$ES_{J_2}=13$；

$R(18)-[R(14)-r_{J_2}]=0-(2-2)=0$，可右移 4 天，$ES_{J_2}=14$；

$R(19)-[R(15)-r_{J_2}]=0-(0-2)=2>0$，不可右移 5 天。

至此，工序 J_2 调整完毕，在此基础上考虑调整工序 G_2。

调整工序 G_2，判断能否向右移动。

$R(12)-[R(9)-r_{G_2}]=4-(7-2)=-1<0$，可右移 1 天，$ES_{G_2}=9$；

$R(13)-[R(10)-r_{G_2}]=4-(7-2)=-1<0$，可右移 2 天，$ES_{G_2}=10$；

$R(14)-[R(11)-r_{G_2}]=2-(6-2)=-2<0$，可右移 3 天，$ES_{G_2}=11$；

$R(15)-[R(12)-r_{G_2}]=0-(4-2)=-2<0$，可右移 4 天，$ES_{G_2}=12$；

$R(16)-[R(13)-r_{G_2}]=0-(4-2)=-2<0$，可右移 5 天，$ES_{G_2}=13$；

$R(17)-[R(14)-r_{G_2}]=0-(2-2)=0$，可右移 6 天，$ES_{G_2}=14$；

$R(18)-[R(15)-r_{G_2}]=0-(0-2)=2>0$，不可右移 7 天。

调整工序 L_2，判断能否向右移动。

$R(14)-[R(8)-r_{L_2}]=2-(7-2)=-3<0$，可右移 1 天，$ES_{L_2}=8$；

$R(15)-[R(9)-r_{L_2}]=0-(7-2)=-5<0$，可右移 2 天，$ES_{L_2}=9$；

$R(16)-[R(10)-r_{L_2}]=0-(7-2)=-5<0$，可右移 3 天，$ES_{L_2}=10$；

$R(17)-[R(11)-r_{L_2}]=0-(6-2)=-4<0$，可右移 4 天，$ES_{L_2}=11$；

$R(18)-[R(12)-r_{L_2}]=0-(4-2)=-2<0$，可右移 5 天，$ES_{L_2}=12$；

$R(19)-[R(13)-r_{L_2}]=0-(4-2)=-2<0$，可右移 6 天，$ES_{L_2}=13$；

$R(20)-[R(14)-r_{L_2}]=0-(2-2)=0$，可右移 7 天，$ES_{L_2}=14$；

$R(21)-[R(15)-r_{L_2}]=0-(0-2)=2>0$，不可右移 8 天。

至此，以终点节点 28 为结束节点的工序调整完毕，调整后资源需求量如图 3-3 所示。

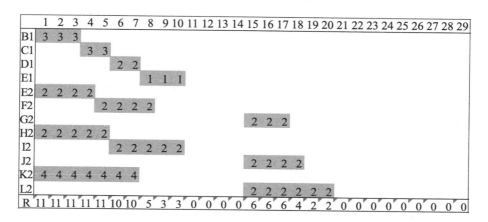

图 3-3　终点节点 28 调整后资源需求量

② 调整以终点节点为 8 的工序

调整工序 E_1，判断能否向右移动。

$R(11)-[R(8)-r_{E_1}]=0-(5-1)=-4<0$，可右移 1 天，$ES_{E_1}=8$；

$R(12)-[R(9)-r_{E_1}]=0-(3-1)=-2<0$，可右移 2 天，$ES_{E_1}=9$。

由于工序 E_1 的松弛时间为 2 天，因此工序 E_1 调整完毕。

③ 调整以终点节点为 26 的工序

调整工序 I_2，判断能否向右移动。

$R(11)-[R(6)-r_{I_2}]=1-(10-2)=-7<0$，可右移 1 天，$ES_{I_2}=6$；

$R(12)-[R(7)-r_{I_2}]=1-(10-2)=-7<0$，可右移 2 天，$ES_{I_2}=7$；

$R(13)-[R(8)-r_{I_2}]=0-(4-2)=-2<0$，可右移 3 天，$ES_{I_2}=8$；

$R(14)-[R(9)-r_{I_2}]=0-(2-2)=0$，可右移 4 天，$ES_{I_2}=9$；

$R(15)-[R(10)-r_{I_2}]=6-(3-2)=5<0$，不可右移 5 天。

至此，以终点节点 26 为结束节点的工序调整完毕。

同理，调整终点节点为 7 的工序 D_1，$ES_{D_1}=7$；终点节点为 24 的工序 F_2，$ES_{F_2}=7$；终点节点为 6 的工序 C_1，$ES_{C_1}=5$；终点节点为 27 的工序 K_2，$ES_{K_2}=3$。调整过程省略。

④ 调整以终点节点为 25 的工序

调整工序 H_2，判断能否向右移动。

$R(6)-[R(1)-r_{H_2}]=7-(7-2)=2>0$，不可右移。

经过判别式的检验，终点节点为 23 的工序 E_2，终点节点为 4 的工序 B_1 均由于判别式的值大于 0 而无法调整。

至此，第一次调整完毕，调整后资源需求量如图 3-4 所示。

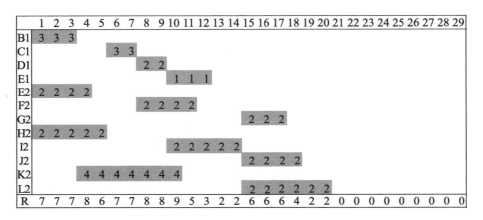

图 3-4　第一次调整后资源需求量

2）第二次调整

① 调整以终点节点为 28 的工序

调整工序 L_2，判断能否向右移动。

$R(21)-[R(15)-r_{L_2}]=0-(6-2)=-4<0$，可右移 1 天，$ES_{L_2}=14$；

$R(22)-[R(16)-r_{L_2}]=0-(6-2)=-4<0$，可右移 2 天，$ES_{L_2}=16$。

由于工序 L_2 的松弛时间为 9 天，第一次调整后可向右移动 7 天，第二次调整又移动 2 天，无可移动的松弛时间，因此工序 L_2 调整完毕。

调整工序 J_2，判断是否能向右移动。

$R(19)-[R(15)-r_{J_2}]=2-(6-2)=-2<0$，可右移 1 天，$ES_{J_2}=15$；

$R(20)-[R(16)-r_{J_2}]=2-(6-2)=-2<0$，可右移 2 天，$ES_{J_2}=16$；

$R(21)-[R(17)-r_{J_2}]=0-(6-2)=-4<0$，可右移 3 天，$ES_{J_2}=17$；

$R(22)-[R(18)-r_{J_2}]=0-(4-2)=-2<0$，可右移 4 天，$ES_{J_2}=18$。

由于工序 J_2 的松弛时间为 8 天，第一次调整后可向右移动 4 天，第二次调整又移动 4 天，无可移动的松弛时间，因此工序 J_2 调整完毕。

调整工序 G_2，判断是否能向右移动。

$R(18)-[R(15)-r_{G_2}]=4-(6-2)=0$，可右移 1 天，$ES_{G_2}=15$；

$R(19)-[R(16)-r_{G_2}]=2-(6-2)=-2<0$，可右移 2 天，$ES_{G_2}=16$；

$R(20)-[R(17)-r_{G_2}]=2-(6-2)=-2<0$，可右移 3 天，$ES_{G_2}=17$；

$R(21)-[R(18)-r_{G_2}]=0-(4-2)=-2<0$，可右移 4 天，$ES_{G_2}=18$；

$R(22)-[R(19)-r_{G_2}]=0-(2-2)=0$，可右移 5 天，$ES_{G_2}=19$。

由于工序 G_2 的松弛时间为 11 天，第一次调整后可向右移动 6 天，第二次调整又移动 5 天，无可移动的松弛时间，因此工序 J_2 调整完毕。

至此，以终点节点 28 为结束节点的工序调整完毕。

② 调整其他终点节点的工序

同理，调整终点节点为 26 的工序 I_2，$ES_{I_2}=11$；终点节点为 24 的工序 F_2，$ES_{F_2}=10$；终点节点为 27 的工序 K_2，$ES_{K_2}=4$。工序 H_2、E_2 无法移动。终点节点为 4 的工序 B_1，$ES_{B_1}=1$。调整过程省略，调整后资源需求量如图 3-5 所示。

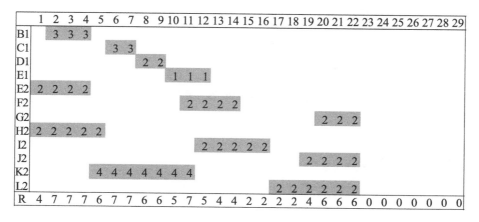

图 3-5　第二次调整后资源需求量

3）第三次调整

经过第一次、第二次对非关键工序实际开工时间的调整，工序 C_1、D_1、E_1、G_2、J_2、L_2 已无法移动。因此，在第三次调整过程中，仅对其他剩余非关键工序调整。调整终点节点为 26 的工序 I_2，$ES_{I_2}=13$；终点节点为 24 的工序 F_2，$ES_{F_2}=11$。工序 K_2、B_1、H_2、E_2 无法移动。

至此，优化结束。图 3-6 即为工期固定-资源均衡优化的最终结果。

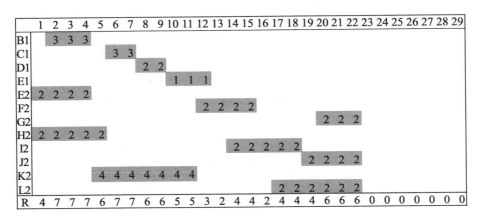

图 3-6　调整完毕后资源需求量

（4）计算优化后的资源均衡性指标

$$\sigma^2 = \frac{1}{29}(4^2 + 7^2 \times 3 + 6^2 + 7^2 \times 2 + 6^2 \times 2 + 5^2 \times 2 + 3^2 + 2^2 +$$

$$4^2 \times 2 + 2^2 + 4^2 \times 3 + 6^2 \times 3) - 3.86^2 = 6.62$$

σ^2 降低百分率为：

$$\frac{20.41 - 6.62}{20.41} \times 100\% = 67.56\%$$

3.5　本章小结

本章主要讨论了装配式建筑工程项目在工期固定情况下资源均衡

模型构建。分析描述了装配式建筑工程的施工过程，并且介绍确定关键路线和关键工序的方法。在模型构建部分，采取在项目收尾部分添加辅助任务的方法，将装配式建筑工程多空间施工转化到同一空间下，也将多项目转化为一个大型单项目进行资源均衡求解。在此基础上提出假设条件，确定资源优化问题的目标函数，建立工序之间的约束。

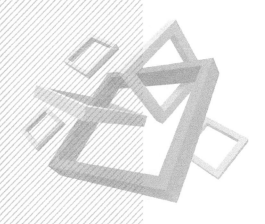

第 4 章

装配式建筑项目
资源均衡方法

装配式建筑项目存在生产、运输、装配三个作业空间，多空间作业的特点使装配式建筑项目在施工各环节配合上出现问题。多空间施工时相互制约、资源调度性质各不相同的矛盾造成装配式建筑项目普遍出现收益低、工期延误、预算超支的现象。将资源合理分配使用，提高资源使用效率，可加快装配式建筑的推广。当前建设工程项目的资源均衡问题研究主要从项目具体特点出发，进行有效的目标模型构建，然而针对装配式建设项目特点的资源调度研究仍较少。Abey 和 Anand 证明预制建筑物比传统建筑物消耗更少的能源。Damic 和 Polat 选用钢结构工业建筑项目实例，构建 9 种不同资源优化函数，分析在不同目标的情况下资源均衡效果的好坏。Anvari 等人将组件生产、运输和装配的三个阶段视为一个整体。建立基于柔性车间调度的生产调度模型，并采用多目标遗传算法求解。

本章以装配式建筑项目作为研究背景，从研究问题的目标函数与求解方法角度介绍施工项目资源均衡；结合装配式建筑项目的实际特点，建立最小化资源方差的资源均衡问题优化模型；在此基础上提出求解该模型的遗传算法，用以有效求解装配式建筑项目的资源均衡问题。

4.1　装配式建筑项目调度模型

4.1.1　问题描述

本章研究的装配式建筑项目资源均衡问题，如同上一章考虑背景相同，仅考虑人工资源，用 $R(i_k, j_k)$ 表示，意思是项目 k 中工序 (i, j) 的人工资源用量。同时，提出如下假设：

① 项目之间存在时间约束及项目优先级，需要以装配空间作业工期为主并限制生产与运输空间作业时间，装配空间作业工期即为项目总工期；

② 每个工序作业持续时间不变，工序的紧前紧后关系确定不变，

单个工序作业连续不可中断；

③ 每个工序的资源需求量在项目开始施工前确定，执行过程中数量保持不变。

如同第 3 章装配式建筑项目资源均衡的目标函数，本章采用式（3-20）资源方差作为评价资源均衡配置的目标。同时，为了使装配式建筑项目资源均衡问题求解具有可操作性，在生产、运输、装配空间的三个子项目的双代号网络图首尾各添加一个辅助工序，将多个空间作业转化为单一作业空间，从而将装配式建筑工程多项目的资源均衡问题转化为单项目资源均衡优化问题。然后，使用 CPM 法确定项目的关键路线和关键工序，选出非关键工序，非关键工序的实际开始时间是决策变量，通过改变非关键工序实际开始时间来调整各单位时间内资源使用情况。具体地，本章的装配式建筑项目模型约束，同上章方法。

4.1.2　初始网络计划方法

通过以上分析建立装配式建筑工程资源均衡模型构建方法。接下来，为了对比下文提出的装配式建筑项目资源均衡优化方法，本节总结求解适用于当前装配式建筑工程资源均衡模型的初始网络计划方法，即上章案例分析中的方差最小化求解方法。在网络计划图中，日资源使用量的动态曲线呈现阶梯状。方差值是日资源使用量与资源使用量均值的差的平方和的平均值，即表示为第 3 章公式（3-20）。本章目标函数选自第 3 章公式（3-29）。

具体地，初始网络计划方法优化步骤如图 4-1 所示。

（1）绘制时标网络图，计算每一天的资源使用量

根据时间参数的确定方法，按照工序的最早开始时间计算，得到项目工期以及关键路线、关键工序以及非关键工序。

（2）对非关键工序进行调整移动

对于任意一项工序，设其在第 i 天开始，在第 j 天结束，资源消耗

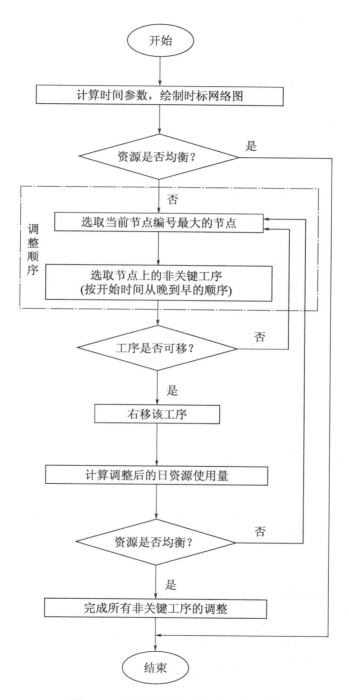

图 4-1 初始网络计划方法优化步骤

强度为 r。若工序向右移一天，那么第 i 天资源消耗量减少 r，第 $j+1$ 天资源消耗量增加 r，$\sum_{t=1}^{T} [R(t)]^2 = [R(1)]^2 + [R(2)]^2 + \cdots + [R(T)]^2$ 的变化值 Δ 为：

$$\Delta = \{[R(j+1)+r]^2 - [R(j+1)]^2\} - \{[R(i)]^2 - [R(i)-r]^2\} \tag{4-1}$$

整理得： $\qquad\qquad \Delta = 2r\{R(j+1) - [R(i)-r]\} \tag{4-2}$

若将工序向右移动 1 天使 $\Delta < 0$，说明移动后的资源均衡性好于移动前，就应将其右移 1 天。在此基础上再考虑工序是否能再向右移动，直至不能移动为止。

若将工序向右移动 1 天使 $\Delta > 0$，说明移动后的资源均衡性差于移动前，不应该移动。但如果工序还有松弛时间，应继续考虑能否向右移动，直至不能移动为止。

在具体计算过程中，通常仅利用式（4-3）中右端 $R(j+1) - [R(i)-r]$ 的表达式，即调整判别式为：

$$\Delta' = R(j+1) - [R(i)-r] \tag{4-3}$$

如果将工序向右移动使 $\Delta' < 0$ 就应移动。

再从网络计划的终点节点开始，自右向左调整一次后，还要进行多次调整，直至所有工序都无法移动为止。

4.2 基于遗传算法的装配式项目资源均衡方法

资源均衡问题已被证明为 NP-hard 问题。对于这类 NP-hard 问题，遗传算法作为一种高效的智能优化算法，通过选择、交叉、变异等操作来解决这类优化问题。遗传算法对求解问题的约束空间没有限制，运行时能在较短时间内求得满意解，并且一定程度上扩大了求解 NP-hard 问题的规模。鉴于遗传算法在求解资源均衡问题上快速高效的优势，本书采用遗传算法来解决问题，通过对装配式建筑实际作业特点的分析，设计适合此类项目资源均衡的算法。

遗传算法流程如图 4-2 所示。

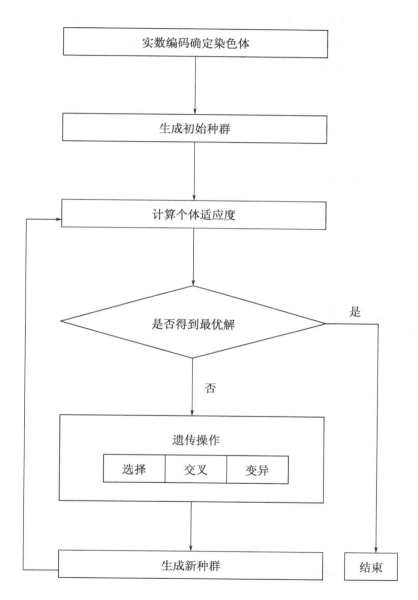

图 4-2 遗传算法流程

4.2.1 编码方案

由于装配式建筑项目工序较多，双代号网络图中关键路线的关键工序自由时差和总时差均为 0，即关键工序开始时间和结束时间不做改动，仅选取非关键工序的实际开工时间 $T_S(i_k, j_k)$ 作为变量，进行实数编码。假设非关键工序有 λ 个，那么编码串的长度就为 λ。仅对非关键工序的实际开始时间编码，保证关键路线上的工序不受影响，可以减少决策变量，缩短资源均衡问题的寻优时间。

4.2.2 初始化种群

生成初始种群。非关键工序的实际开始时表示为：$T_E(i_k, j_k) \leqslant T_S(i_k, j_k) \leqslant T_L(i_k, j_k)$，即位于最早开始时间与最晚开始时间这一范围内随机产生。

4.2.3 适应度函数

计算适应度值。装配式建筑项目资源均衡的目标是为了使资源消耗方差最小，因此，针对这一优化目标，将优化目标函数的倒数设计为适应度函数，用式(4-4)表示：

$$F = \frac{T}{\sum_{t=1}^{T} [R(t) - \overline{R}]^2} \tag{4-4}$$

式中　F——个体适应度值。

F 表示个体对应的资源消耗方差越小，个体的适应度值越高，则个体越好。实际意义为施工进度计划安排越合理，资源配置越均衡。

4.2.4 选择

选择操作是在一定概率下，从当前种群中选出优秀的个体，重新构建一个新的群体，然后再繁衍到下一代个体。选中某一优秀个体的比率与适应度值的大小紧密相关，个体适应度数值越大，被选中的概率就越大；反之则越小。由式(4-5)计算出来的适应度值为基础，利用轮盘赌从群体中选择个体。在一个群体中选择每个个体的概率 p_i 与适应度值成正比。

$$p_i = \frac{F_i}{\sum_{j=1}^{N} F_j} \tag{4-5}$$

式中　F_i——个体 i 适应度值；

　　　N——种群个体数量；

　　　F_j——个体 j 适应度值。

4.2.5　交叉

在交叉操作中，从种群中随机选择两条染色体，两条染色体进行交配和重组，父链的优良基因被保留下来并传给子链，形成新的优良染色体。本书染色体为实数编码，交叉操作采用实单点交叉的方法，第 k 个染色体 a_k 和第 l 个染色体 a_l 在 j 位的交叉操作方法为：

$$\begin{cases} a_{kj} = a_{ij}(1-b) + a_{lib} \\ a_{lj} = a_{lj}(1-b) + a_{kjb} \end{cases} \tag{4-6}$$

式中　b——[0，1] 区间的随机数。

4.2.6　变异

变异操作是偶然因素引起的，突变的概率通常很小，变异操作从种群中随机选择一条染色体，并选择染色体中的一个点进行突变，用来产生更好的个体。第 $\Delta^{\phi}_{(i_1,j_1)}$，$\Delta^{\phi}_{(i_2,j_2)}$，…，$\Delta^{\phi}_{(i_n,j_n)}$ 个个体的第 j 个基因变异操作方法如下：

$$a_{ij} = \begin{cases} a_{ij} + (a_{ij} - a_{max})f(g), r \geqslant 0.5 \\ a_{ij} + (a_{min} - a_{ij})f(g), r < 0.5 \end{cases} \tag{4-7}$$

其中，基因 a_{ij} 的上界是 a_{max}；基因 a_{ij} 的下界是 a_{min}。

$$f(g) = r_1(1 - g/G_{max})^2$$

式中　r_1——一个随机数；

g——当前迭代数；

$G_{\max}$——进化的最大次数；

r——区间 $[0,1]$ 的随机数。

4.3 案例分析

某住宅小区采用装配建造方式进行施工，本节选取标准层施工过程作为研究对象，研究生产调度过程中的人工资源。装配式建筑项目共有现场装配、构件生产、物流运输三个施工空间，分别为子项目 1 和 2。

表 4-1 项目参数表

项目	工序	工序名称	人工资源消耗 R	工序工期 d(10min)	工序最早开始时间 ES	工序最晚开始时间 LS	自由时差 d_0	紧前工序
1	A_1	准备工作	3	3	0	0	0	—
1	B_1	测量与放线	2	6	3	3	0	A_1
1	C_1	校正偏斜钢筋	2	1	9	9	0	B_1
1	D_1	放置垫块	4	1	10	10	0	C_1
1	E_1	预制墙体吊装	2	1	11	11	0	D_1
1	F_1	预制墙体下落安装	4	2	12	12	0	E_1
1	G_1	临时支撑连接	2	2	14	14	0	F_1
1	H_1	接缝密封	2	2	15	15	0	G_1
1	I_1^*	预制墙体吊装	4	1	10	11	1	C_1
1	J_1^*	预制墙体下落安装	4	2	11	12	1	I_1
1	K_1^*	临时支撑连接	2	1	13	14	1	J_1
1	L_1^*	接缝密封	2	2	14	15	1	K_1
1	M_1	预制墙体钢筋绑扎	6	3	17	17	0	H_1, L_1

续表

项目	工序	工序名称	人工资源消耗 R	工序工期 d(10min)	工序最早开始时间 ES	工序最晚开始时间 LS	自由时差 d_0	紧前工序
1	N_1	现浇墙柱模板及支撑架搭设	8	4	20	20	0	M_1
1	O_1	混凝土浇筑	2	2	24	24	0	N_1
2	A_2	模具准备	2	2	0	0	0	—
2	B_2	测模安装	4	2	2	2	0	A_2
2	C_2	涂刷隔离剂	2	1	4	4	0	B_2
2	D_2	安装预埋件	6	2	5	5	0	C_2
2	E_2^*	钢筋存储	2	1	0	3	3	—
2	F_2^*	钢筋检验	4	1	1	4	3	E_2
2	G_2^*	布筋、绑扎、固定	6	2	2	5	3	F_2
2	H_2	骨架入模	4	2	7	7	0	D_2，G_2
2	I_2^*	混凝土设计	3	3	0	4	4	—
2	J_2^*	混凝土搅拌	2	1	3	7	4	I_2
2	K_2^*	混凝土运输	2	1	4	8	4	J_2
2	L_2	混凝土浇筑	2	1	9	9	4	K_2
2	M_2	混凝土振捣	2	1	10	10	0	H_2，K_2
2	N_2	混凝土养护	1	12	11	11	0	M_2
2	O_2	二次刮平	2	1	23	23	0	N_2
2	P_2	脱模	4	1	24	24	0	O_2
2	Q_2	转运堆放	2	1	25	25	0	P_2

注：标注 * 工序为非关键工序。

图 4-3 和图 4-4 是子项目 1 和 2 的双代号网络图。各工序名称、人工资源消耗、工序工期见表 4-1。根据项目网络计划图及表 4-1 中所给出的工序工期、人工资源消耗量数据，采用 CPM 法确定关键路线和关

键工序，计算各工序最早开始时间、最晚开始时间以及自由时差，并找出非关键工序。

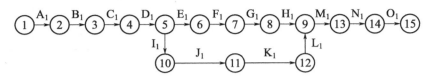

图 4-3 子项目 1 双代号网络

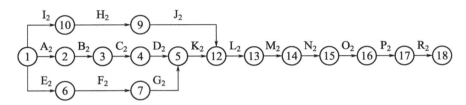

图 4-4 子项目 2 双代号网络

本案例共有 10 道工序为非关键工序，分别为：I_1、J_1、K_1、L_1、E_2、F_2、G_2、I_2、J_2、K_2。本案例装配式建筑项目的总工期为 26 天。结合上述目标函数、约束条件及项目参数信息，得到该项目具体数学模型如下。

$$\min \sigma^2 = \frac{1}{26} \sum_{t=1}^{26} \left[R(t) - \overline{R} \right]^2 \tag{4-8}$$

$$\text{S. T.} \begin{cases} 10 \leqslant T_s(I_1) \leqslant 11 \\ T_s(I_1) + 1 \leqslant T_s(J_1) \leqslant 12 \\ T_s(J_1) + 1 \leqslant T_s(K_1) \leqslant 14 \\ T_s(K_1) + 2 \leqslant T_s(L_1) \leqslant 15 \\ 0 \leqslant T_s(E_2) \leqslant 3 \\ T_s(E_2) + 1 \leqslant T_s(F_2) \leqslant 4 \\ T_s(F_2) + 1 \leqslant T_s(G_2) \leqslant 5 \\ 0 \leqslant T_s(I_2) \leqslant 4 \\ T_s(I_2) + 3 \leqslant T_s(J_2) \leqslant 7 \\ T_s(J_2) + 1 \leqslant T_s(K_2) \leqslant 8 \end{cases} \tag{4-9}$$

适应度函数为：

$$F = \frac{26}{\sum_{t=1}^{26}[R(t)-\overline{R}]^2}$$

(4-10)

优化开始前，首先需要对遗传算法参数进行设置：种群规模为 100，进化代数为 50，交叉概率为 0.6，变异概率为 0.01。运用 MATLAB 2019a 对遗传算法编程，通过多次迭代，得到非关键工序的最佳开始时间：$T_s(I_1)=10$，$T_s(J_1)=11$，$T_s(K_1)=13$，$T_s(L_1)=14$，$T_s(E_2)=1$，$T_s(F_2)=3$，$T_s(G_2)=4$，$T_s(I_2)=0$，$T_s(J_2)=6$，$T_s(K_2)=7$。

表 4-2 为资源均衡结果比较表。

表 4-2　资源均衡结果比较表

方法	方差
初始网络计划	7.35
遗传算法优化	4.1021

图 4-5 和图 4-6 分别表示初始资源分配和通过遗传算法优化的资源分配。

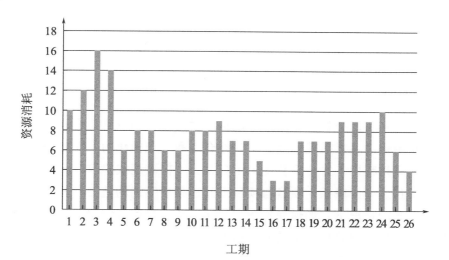

图 4-5　初始资源分配

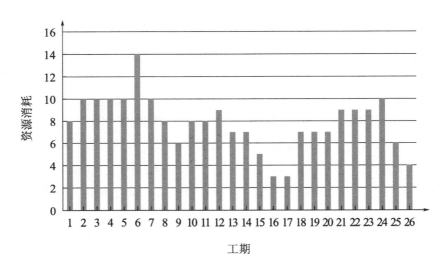

图 4-6　遗传算法优化资源分配

　　通过遗传算法对资源均衡模型进行分析，得到了相关结果。从表 4-2 中，可以清楚地看到，调整非关键过程的开始时间会使偏差从 7.35 到 4.1021。从图 4-5 到图 4-6，可以看到峰值从 16 降低到 14，并且资源消耗与初始值相比明显平衡，也说明该方法可以有效解决实际装配式建筑工程应用问题。

4.4　决策建议

　　装配式建筑项目打破了原有建筑工程的单一项目施工模式，它使建筑公司承接的项目呈现出复杂性，整合性和大规模化的发展趋势。在过去的建设过程中，并行项目施工十分常见。但装配式建筑项目增加了项目与项目之间的联系，项目与项目之间还处于不同的施工空间。在多空间的联系的情况下，如何使资源配置达到均衡是亟待解决的问题。均衡的资源使用，有效提高了资源使用效率，降低建设成本，达到了国家节能减排标准，符合资源节约型社会的建设要求，对建设公司具有十分重要的现实意义。本书重点对装配式建筑工程领域的资源配置进行研究，主要考虑了人员在项目调度过程中的使用量。因此，在实际应用时，对工程承包商提出以下两点建议。

首先，装配式建筑工程项目与传统建筑施工最大的不同就在于多空间同步进行的特点，因此更需要关注资源配置与项目任务的紧密结合。资源均衡在工期确定的基础上进行，关键工序没有可调节的时差，非关键工序存在机动时间，并且资源分配计划也是从非关键路线上的非关键工序开始调整的。因此，在进行模型分析时，除考虑时间和空间维度外，还需要记住关键路线和非关键路线之间的区别，以便保证资源分配和项目任务紧密耦合。从理论上讲，对资源分配模型的研究不足。根据公司的实际情况，将模型的计算结果与项目任务执行的实际情况进行比较，可以及时进行纠正和调整，最终形成公共资源和专用资源，扩大模型的适用性。合理的资源分配模型可以为企业发展提供切实有用的服务。

其次，在装配式项目管理过程中，针对人员调度这类可更新资源均衡优化过程中，需要考虑人员的学习效应。工人或工作队在重复执行相同或相似工作的过程中会逐渐积累经验从而促使工作效率不断提高。在现场装配作业空间，装配式建筑施工过程中减少施工工人数量，加大了机械设备的投入，主要是人力、设备等可再生资源的使用。但是资源消耗量的大起大落不均衡导致的窝工、设备闲置产生的损失通常是相当昂贵的。在此作业空间下，工人增加操作熟练度和设备对相同工序反复作业会产生学习效应。在构件生产作业空间下，主要是人力、设备和原材料三种资源的均衡优化，工人在重复生产同一构件时因熟练度提高有学习现象的存在。物流运输时会考虑需求量与运输能力的关系，合理配置运输车辆和运输路线，需要管理者做出合理的调整配合，最大化经济效益。

4.5　本章小结

本章通过对装配式建筑项目资源均衡问题进行研究，使资源分布更加均衡，从而可以有效降低资源消耗占装配式建筑项目成本的比重。具体地，通过添加辅助工作联系多作业空间，建立以资源方差最小为优化目标，符合装配式建筑项目特点的资源均衡模型，选取遗传算法进行算法设计，求得各非关键工序的最佳开工时间。通过实际案例分析证明与初始的网络计划方法相比，建立的求解该问题的资源均衡模型操作简单，对装配式建筑工程具有一定的实践参考价值，丰富了资源调度问题相关理论，拓宽了资源调度的应用范围。

第 5 章

装配式建筑资源
受限调度方法

在装配式建筑实际的建造过程中，由于工程总承包商在设计、生产、施工和管理等方面的不投入，以及装配式项目多空间调度的复杂性，造成了资源配置不合理的现象，导致项目工期延长、资源消耗过高、成本增加。因此研究多维作业空间下装配式项目的资源调度问题有着重要意义。

目前我国在资源受限的多个项目的调度问题方面进行的相关研究尚且不够充足，不如单项目的调度问题那样广泛。Bock 以及 Patterson 共同探讨了其中具有资源的优先权这一特征的多项目调度具体问题。Yang 以及 Sum 把多项目调度相关问题当成需要从双层次管理角度分析。梁昌勇等通过研究分析了资源受限多项目调度问题中，不同的项目与活动以及资源彼此间的区别，把项目方面的权重比例系数、活动方面的质量比例因子以及资源方面的能力比重系数这三大概念同时引入到问题处理的过程中，建立起工期与质量均衡的优化模型，同时采取调度逆序法以及遗传算法进行具体求解。

本章研究了装配式住宅项目的资源调度问题，将多空间降维处理转化到同一时间段内进行分析，在信息共享的条件下以装配空间为主，生产运输空间协同调度，在基于装配式项目调度多空间相互约束、相互制约的特点上，充分考虑了生产运输空间的完成时间对装配空间整个调度计划的影响，即对装配空间综合成本值的影响，并构建了以最小化装配空间成本值为目标函数的双层规划模型，设计了一种嵌套式遗传算法对该模型进行求解。

5.1　装配式建筑资源受限调度模型

5.1.1　模型描述

双层规划模型主要是针对具有两个层级的问题进行研究，当处理较复杂的问题时，首先可将其划分为不同层级进行分析，然后再综合分析不同层级所构成的整体，最后求得整体的最优值。该模型主要适用于含有不同层次的整体优化问题，通常分为上下两层，上下层问题都有其各自的目标函数和约束条件，首先给出一个决策变量，该决策变量作为下层模型的参变量，对其最优值有着一定的影响。在可能的范围内求出初始最优解，该解是求解上层问题的关键因素，并将其反馈给上层模型，在此基础上，上下层模型在相互之间不断的影响下求解出整体的最优值。

在以往研究中，装配式住宅项目资源调度可看作是一个具有主从关系的协同调度优化问题，其中以装配空间资源调度为主，生产运输空间资源调度为从。在实际项目中，生产运输空间完成工期对装配空间的成本有着不可忽视的影响，构件生产完运输到装配空间的时间越短，装配空间在其自身约束下开始装配的时间就越早，即装配空间能在很大程度上实现提前完工，节约了一定的工期成本值。因此，在求装配空间的综合成本值时要考虑到生产运输空间工期对该综合成本值的影响，基于此建立资源受限双层规划模型。

5.1.2　模型假设

为了简化模型分析，本节仅探讨装配式住宅项目在确定条件下的多空间分布式建造资源受限调度问题，并进行以下 3 项假设。

① 假设某装配式住宅项目在施工建造时，由工程总承包商统一进行指导并在一个共享资源库下进行，以实现连续、高效地完成建造项目，本节只研究可再生资源下的资源调度问题。

② 假设本调度模型是在确定条件下进行，即不考虑其他不确定因素对项目调度计划的影响。

③ 假设在调度过程中，所有活动均是连续的且不可中断，任务间的优先关系均为"完成-开始（FS）"型，即每个活动都需在所有紧前活动完成后进行。

5.1.3　模型建立

结合装配式住宅项目资源受限调度的特点，本节建立的双层规划模型的总体优化目标为装配空间的项目工期和资源综合成本值最小，调度资源为人力资源。考虑装配空间的项目工期和资源综合成本建立上层规划模型，通过改变上层决策变量资源线的大小，得出装配空间资源受限调度计划。考虑生产运输空间的资源综合成本值最小，建立下层规划模型。以上层规划模型得到的最优调度工期为下层约束条件，通过改变下层决策变量资源线的大小，得到生产运输空间资源受限调度计划，将生产运输空间的最优值反馈给上层，得到装配空间项目工期和资源总成本的最小值。

（1）上层模型（ULC）

$$F_1 = \min \left[\mu_1 (FT_1 - T) + \mu_2 (FT_2 - FT_1) + \beta_m^1 \sum_m \max \left(\sum_{t=st_{1j}}^{ft_{1j}-1} k_{1jm} \right) \right]$$

$$\text{S. T.} \begin{cases} st_{1j} \geqslant \max ft_{p_{1j}}, \ \forall j \\ \sum_{(1,j) \in \Lambda_i} k_{1jm} \leqslant k_m^{\max}, \ \forall t, m \end{cases} \tag{5-1}$$

（2）下层模型（LLC）

$$F_2 = \min \left[\beta_m^2 \sum_m \max \left(\sum_{t=st_{2j}}^{ft_{2j}-1} k_{2jm} \right) \right]$$

$$\text{S. T.} \begin{cases} st_{2j} \geqslant \max ft_{p_{2j}}, \ \forall j \\ FT_2 \leqslant t_{n1} \end{cases} \tag{5-2}$$

装配式住宅项目资源受限调度模型参数如表 5-1 所示。

表 5-1　装配式住宅项目资源受限调度模型参数

符号	说明
i	项目编号，$i = 1, 2, 3, \cdots, n$
j	$j_{i1}, j_{i2}, \cdots, j_{in}; J_i$ 为项目 i 所含任务数
t	时段序号，$t = 0, 1, 2, \cdots, t_n$
m	资源序号，$m = 1, 2, \cdots, M; M$ 为资源总数
T_i	项目 i 的限定工期
d_{ij}	任务 (i, j) 的持续时间
st_{ij}	任务 (i, j) 的开始时间
ft_{ij}	任务 (i, j) 的完成时间，$f_{ij} = s_{ij} + d_{ij}$
FT_i	项目 i 的完成时间

续表

符号	说明
p_{ij}	任务(i,j)的紧前任务集合
Λ_t	在时段 t 处于工作状态的任务集合
K_i	项目 i 的资源线,为模型的决策变量
$k_m^{\max}$	项目所有时刻对资源 m 的最大消耗量
k_{ijm}	任务(i,j)每期所需第 m 种可更新资源量
β_m^i	单位时间内的项目 i 的可更新资源 m 单位资源成本
μ_i	项目 i 的误期赔偿系数
t_{n1}	装配空间工期

模型的特点如下。

① 上述双层规划的上层模型的目标函数既受上层决策变量的影响,也要考虑下层目标函数的最优值,而下层规划的最优值又受上层决策变量的影响。这个特点体现出装配式项目建造过程中,装配空间和生产运输空间的相互作用,且前一阶段的决策是下一阶段决策的依据,而下一阶段的优化结果又会对前一阶段的结果产生影响。

② 上层问题的约束条件不含下层问题的决策变量。这说明在装配式项目建造过程中,前一阶段的决策是不受下一阶段的决策限制的,只跟自身所处的状态有关。

③ 由于本节仅选取装配和生产运输两个项目,定义装配项目为项目一,生产运输项目为项目二,因此可知上层决策变量 K_1,下层决策变量 K_2,上层通过项目一 t_{n1} 约束下层,而下层对上层的反馈通过项目二完成时间 FT_2 来实现。

5.2 基于双层规划的装配式资源受限调度方法

5.2.1 模型求解算法步骤及流程

为了有效地求解模型,本节设计了一个嵌套的遗传算法,双层规划模型优化流程如图 5-1 所示。求解过程根据双层规划的优化方法进行,具体操作如下。

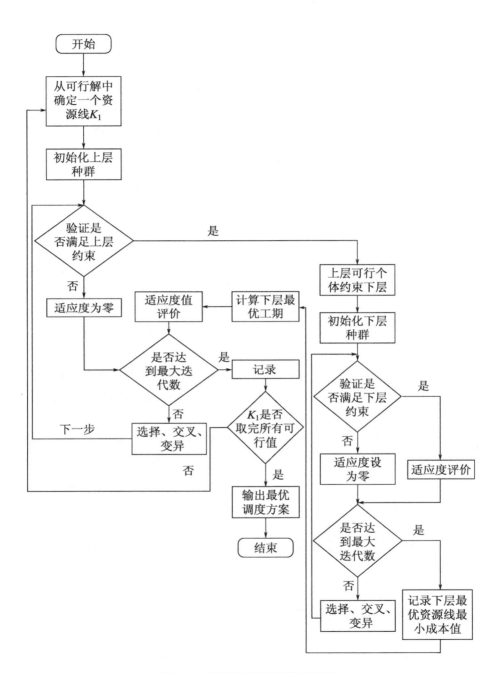

图 5-1　双层规划模型优化流程

① 确定一个初始资源线 K，在上层规划的界约束中随机生成种群规模 N。

② 判断种群是否满足上层约束，若满足则带入下层，反之，则将适应度设为零转下一步。

③ 判断上层种群是否达到最大迭代数，若达到则记录最优值进入下一环节，若未达到则进入选择、交叉、变异的遗传操作，再重复步骤②；下层种群将上层可行个体带入并初始化生成下层种群。

④ 下层对种群的可行性进行验证，若满足则用适应度值对其进行评价，若不满足则将适应度设为零。

⑤ 判断下层种群是否达到最大迭代数，若达到则记录下层最优资源线和最小成本值，若未达到则返回步骤④重复进行迭代，直至达到最大迭代数。

⑥ 将下层最优资源线和最小成本值带入上层，并用适应度函数对其进行评价。

⑦ 判断种群是否达到最大迭代数，若达到最大迭代数则记录上层最优资源线和最小成本值，未到达则重复步骤③直至达到最大迭代数。

⑧ 记录上层最优调度计划后判断资源线 K_1 是否取完所有可行值，若取完则结束，输出项目的最优调度计划，若没取完则返回步骤①，重复。

5.2.2　遗传算法设计

（1）染色体编码

基于双层决策模型，本章采用嵌套式遗传算法，采用上层模型（ULC）与下层模型（LLC）分别编码的方法，且上下层染色体又都对应于各自的解。对于本优化问题的上层模型（ULC），染色体长度为变量个数，在本节的研究中只有"资源线"一个变量，染色体中的每个基因表示一个资源线，下层编码同上层一样。上下层资源线编码如图 5-2 所示。

上层资源线编码：

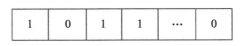

下层资源线编码：

| 1 | 0 | 1 | 1 | … | 0 |

图 5-2　上下层资源线编码

（2）选择

选择操作是从当前个体中选择出具有优秀基因的个体作为父代以繁衍子代，选择算子可将群体集中在高适应度区域。本节采用轮盘赌的方法进行选择操作，首先在 [0,1] 间生成随机数 r，然后通过以下方式选择出需要繁殖的父代群体。

① 计算各染色体的适应度值。

$$f(U_i), i=1,2,\cdots,n$$

式中　n——种群中个体数目；

U_i——每 i 个染色体。

② 计算群体的适应度总和。

$$F = \sum_{i=1}^{n} f(U_i)$$

③ 计算每个染色体的选择概率。

$$P_i = \frac{f(U_i)}{F}, \ i=1,2,\cdots,n$$

④ 计算每个染色体的累计概率。

$$Q_i = \sum_{j=1}^{i} P_j, \ j=1,2,\cdots,i$$

⑤ 随机生成 [0,1] 间的一个随机数 r 后，若满足 $r \leqslant Q_j$ 则选择 Q_j 个体，反之选择第 i 个染色体 $U_i(2 \leqslant i \leqslant n)$，成为 $Q_{i-1} \leqslant r \leqslant Q_i$。

（3）交叉和变异

为得到可行解，染色体间需要在一定约束下进行交叉变异的遗传操作，交叉是指在一定的概率下，将随机选择的两个父代染色体的部分基因进行交换。如图 5-3 所示，当一对染色体被选择后，它们会随机产生两个各自的交叉点，进而确定了交叉范围，然后得到了染色片段被交叉选择后的子代染色体。

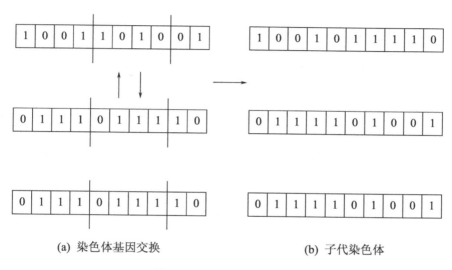

(a) 染色体基因交换　　　　　　　　(b) 子代染色体

图 5-3　染色体交叉变异

变异出现在交叉之后，并选择独立的后代进行变异，以一个较小的概率随机选择一个基因并将其改变，最终被选择的染色体片段发生变异，得到了子代染色体。

5.3　案例分析

为了进一步对双层规划优化模型进行验证，拟通过案例分析的方式对调度优化模型进行试验研究。

某住宅小区以装配式建造方式建造，本书拟选取该小区一个标准层建造过程为对象，在生产调度过程中只选取人工资源为调度资源，假设各个工序对人工的消耗量以虚的"单位"衡量，资源之间可通过一个隐藏的介质"如获得资源所支付的报酬"来实现工序间的合理流动，研究装配式住宅项目资源调度优化问题。

该标准层的建设主要包括 25 个工序，图 5-4 为现场装配空间网络计划图，图 5-5 为生产运输空间网络计划图。ST 表示起始节点。

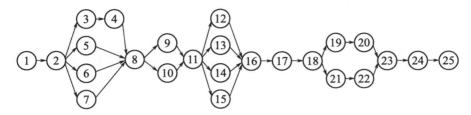

图 5-4 现场装配空间网络计划

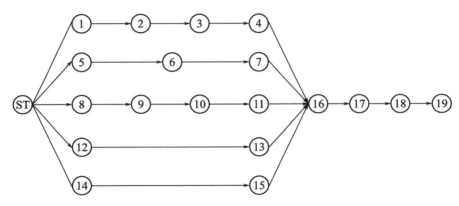

图 5-5 生产运输空间网络计划

表 5-2 为现场装配空间各工序工期与资源需求量情况。表 5-3 为生产运输空间各工序工期及资源安排。

表 5-2 现场装配空间各工序工期与资源需求量情况

序号	任务名称	工期/天	人工/人
1	熟悉图纸	2	2
2	吊装计划	2	2
3	测量定位	2	2
4	划分吊装区域	1	2
5	构件检查、编号	4	3
6	机械设备入场	2	3
7	其他资源配备	2	5

续表

序号	任务名称	工期/天	人工/人
8	柱吊装及支撑	6	2
9	柱节点浇筑、养护	3	2
10	柱上放线	2	2
11	梁吊装及支撑	8	5
12	梁柱节点钢筋绑扎	1	5
13	节点处支模板	1	4
14	梁柱节点现浇	1	4
15	梁柱节点养护	2	3
16	板吊装、支撑	10	5
17	叠合板面层现浇	2	5
18	板面养护	2	2
19	楼梯吊装及支撑	3	5
20	楼体搭接处理	1	3
21	阳台吊装	2	4
22	阳台接缝现浇	1	3
23	墙板吊装	10	5
24	墙接缝现浇	2	3
25	空调板现浇	2	1

表 5-3　生产运输空间各工序工期及资源安排

任务	任务名称	工期/天	人工/人
1	预制柱	6	4
2	预制梁	6	4
3	内墙1	5	2
4	内墙2	5	2
5	外墙1	4	3
6	外墙2	4	3
7	外墙3	4	3
8	叠合板1	5	3
9	叠合板2	5	3
10	叠合板3	4	3

任务	任务名称	工期/天	人工/人
11	叠合板 4	4	3
12	楼梯 1	6	4
13	楼梯 2	5	4
14	阳台 1	6	2
15	阳台 2	6	2
16	构件装车	3	7
17	构件运输	11	1
18	构件卸车	3	7
19	返程	11	1

该标准层的施工涉及生产的预制构件主要有预制柱、预制梁、预制外墙板（主要有三种型号）、预制内墙板（主要有两种型号）、预制叠合板（主要有三种型号）、预制阳台板、预制楼梯等。这些预制构件的生产运输计划根据现场装配计划进行安排，运输工作主要包括构件装车、构件运输、构件卸车和返程四项工序，并按照构件的生产顺序进行运输。

（1）关键路线法确定初始调度计划

首先，运用 CPM 法求出各空间的初始进度计划，此计划资源的使用量处于一个最大状态没有限制，因此对应着项目的最优工期。装配空间关键路线为：1—2—5—8—9—11—15—16—17—18—19—20—23—24—25，最优工期 $t_{n1}=59$。如图 5-6 为装配空间的初始项目计划，其中横轴表示时间，纵轴表示资源量，此时最大资源线 $K_1^{max}=16$ 由此可得装配空间资源线取值范围 $K_1 \in [5,16]$。同理，可得构件生产运输作业空间关键路线为：1—2—3—4—5—17—18—19—20，最优工期 $t_{n2}=50$，项目二资源线的取值范围为 $K_2 \in [4,13]$。

由图 5-6 可知，在装配空间的初始进度计划中，资源的需求用量不均衡，在 4—8、25—27 这两个时间段内资源消耗量较大，导致总资源成本较高。因此，可通过改变资源线的方式来改变项目的进度计划，随着资源线的逐步降低，其对应的工期也在增加，装配空间的综合成本值也在改变。

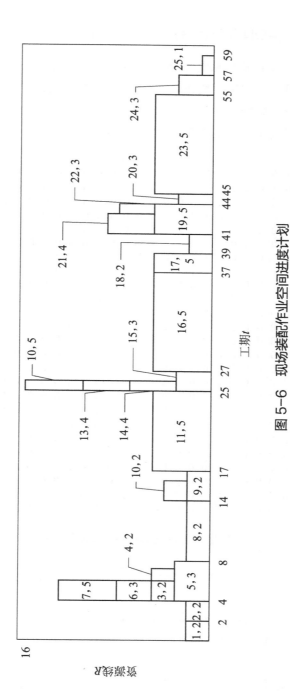

图5-6　现场装配作业空间进度计划

（2）生成 AON 网络图并用邻接矩阵存储

首先，运用拓扑排序法分别将装配空间和生产运输空间的施工节点网络计划图转变为 AON 网络图，经转变后装配空间的 AON 网络图与图 5-6 保持一致，装配空间的施工节点网络计划图用邻接矩阵可表示为如图 5-7 所示邻接矩阵存储装配空间 AON 网络图。

$$R = \begin{bmatrix}
0&1&0&0&0&0&0&0&0&0&0&0&0&0&0&0&0&0&0&0&0&0&0&0&0&0 \\
0&0&1&0&1&1&1&0&0&0&0&0&0&0&0&0&0&0&0&0&0&0&0&0&0&0 \\
0&0&0&1&0&0&0&0&0&0&0&0&0&0&0&0&0&0&0&0&0&0&0&0&0&0 \\
0&0&0&1&0&0&0&0&0&0&0&0&0&0&0&0&0&0&0&0&0&0&0&0&0&0 \\
0&0&0&0&0&1&0&0&0&0&0&0&0&0&0&0&0&0&0&0&0&0&0&0&0&0 \\
0&0&0&0&0&0&1&0&0&0&0&0&0&0&0&0&0&0&0&0&0&0&0&0&0&0 \\
0&0&0&0&0&1&0&0&0&0&0&0&0&0&0&0&0&0&0&0&0&0&0&0&0&0 \\
0&0&0&0&0&0&1&0&0&0&0&0&0&0&0&0&0&0&0&0&0&0&0&0&0&0 \\
0&0&0&0&0&0&0&1&1&0&0&0&0&0&0&0&0&0&0&0&0&0&0&0&0&0 \\
0&0&0&0&0&0&0&0&1&0&0&0&0&0&0&0&0&0&0&0&0&0&0&0&0&0 \\
0&0&0&0&0&0&0&0&1&0&0&0&0&0&0&0&0&0&0&0&0&0&0&0&0&0 \\
0&0&0&0&0&0&0&1&1&1&1&0&0&0&0&0&0&0&0&0&0&0&0&0&0&0 \\
0&0&0&0&0&0&0&0&0&0&0&1&0&0&0&0&0&0&0&0&0&0&0&0&0&0 \\
0&0&0&0&0&0&0&0&0&0&0&0&1&0&0&0&0&0&0&0&0&0&0&0&0&0 \\
0&0&0&0&0&0&0&0&0&0&0&0&1&0&0&0&0&0&0&0&0&0&0&0&0&0 \\
0&0&0&0&0&0&0&0&0&0&0&0&1&0&0&0&0&0&0&0&0&0&0&0&0&0 \\
0&0&0&0&0&0&0&0&0&0&0&0&0&1&0&0&0&0&0&0&0&0&0&0&0&0 \\
0&0&0&0&0&0&0&0&0&0&0&0&0&1&0&0&0&0&0&0&0&0&0&0&0&0 \\
0&0&0&0&0&0&0&0&0&0&0&0&0&0&1&0&1&0&0&0&0&0&0&0&0&0 \\
0&0&0&0&0&0&0&0&0&0&0&0&0&0&1&0&0&0&0&0&0&0&0&0&0&0 \\
0&0&0&0&0&0&0&0&0&0&0&0&0&0&0&1&0&0&0&0&0&0&0&0&0&0 \\
0&0&0&0&0&0&0&0&0&0&0&0&0&0&0&1&0&0&0&0&0&0&0&0&0&0 \\
0&0&0&0&0&0&0&0&0&0&0&0&0&0&0&1&0&0&0&0&0&0&0&0&0&0 \\
0&0&0&0&0&0&0&0&0&0&0&0&0&0&0&0&1&0&0&0&0&0&0&0&0&0 \\
0&0&0&0&0&0&0&0&0&0&0&0&0&0&0&0&0&1&0&0&0&0&0&0&0&0 \\
0&0&0&0&0&0&0&0&0&0&0&0&0&0&0&0&0&0&0&0&0&0&0&0&0&0 \\
\end{bmatrix}$$

图 5-7　邻接矩阵存储装配空间 AON 网络图

工期为：$d = [2,2,2,1,4,2,2,6,3,2,8,1,1,1,2,10,2,2,3,1,3,1,10,2,2]$

资源为：$r = [2,2,2,2,3,3,5,2,2,2,5,5,4,4,3,5,5,2,5,3,4,3,5,3,1]$

生产运输空间的 AOV 网络图如图 5-8 所示，其中工序 1 为项目的虚工序。

生产运输空间的邻接矩阵存储生产运输空间 AON 网络图如图 5-9 所示。

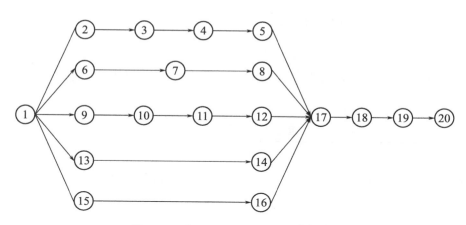

图 5-8　生产运输空间 AOV 网络图

$$R = \begin{bmatrix} 0 & 1 & 0 & 0 & 0 & 1 & 0 & 0 & 1 & 0 & 0 & 0 & 1 & 0 & 1 & 0 & 0 & 0 & 0 & 0 \\ 0 & 0 & 1 & 0 & 0 & 0 & 0 & 0 & 0 & 0 & 0 & 0 & 0 & 0 & 0 & 0 & 0 & 0 & 0 & 0 \\ 0 & 0 & 0 & 1 & 0 & 0 & 0 & 0 & 0 & 0 & 0 & 0 & 0 & 0 & 0 & 0 & 0 & 0 & 0 & 0 \\ 0 & 0 & 0 & 0 & 1 & 0 & 0 & 0 & 0 & 0 & 0 & 0 & 0 & 0 & 0 & 0 & 0 & 0 & 0 & 0 \\ 0 & 0 & 0 & 0 & 0 & 0 & 0 & 0 & 0 & 0 & 0 & 0 & 0 & 0 & 0 & 0 & 1 & 0 & 0 & 0 \\ 0 & 0 & 0 & 0 & 0 & 0 & 1 & 0 & 0 & 0 & 0 & 0 & 0 & 0 & 0 & 0 & 0 & 0 & 0 & 0 \\ 0 & 0 & 0 & 0 & 0 & 0 & 0 & 1 & 0 & 0 & 0 & 0 & 0 & 0 & 0 & 0 & 0 & 0 & 0 & 0 \\ 0 & 0 & 0 & 0 & 0 & 0 & 0 & 0 & 0 & 0 & 0 & 0 & 0 & 0 & 0 & 0 & 1 & 0 & 0 & 0 \\ 0 & 0 & 0 & 0 & 0 & 0 & 0 & 0 & 0 & 1 & 0 & 0 & 0 & 0 & 0 & 0 & 0 & 0 & 0 & 0 \\ 0 & 0 & 0 & 0 & 0 & 0 & 0 & 0 & 0 & 0 & 1 & 0 & 0 & 0 & 0 & 0 & 0 & 0 & 0 & 0 \\ 0 & 0 & 0 & 0 & 0 & 0 & 0 & 0 & 0 & 0 & 0 & 1 & 0 & 0 & 0 & 0 & 0 & 0 & 0 & 0 \\ 0 & 0 & 0 & 0 & 0 & 0 & 0 & 0 & 0 & 0 & 0 & 0 & 0 & 0 & 0 & 0 & 1 & 0 & 0 & 0 \\ 0 & 0 & 0 & 0 & 0 & 0 & 0 & 0 & 0 & 0 & 0 & 0 & 0 & 1 & 0 & 0 & 0 & 0 & 0 & 0 \\ 0 & 0 & 0 & 0 & 0 & 0 & 0 & 0 & 0 & 0 & 0 & 0 & 0 & 0 & 0 & 0 & 1 & 0 & 0 & 0 \\ 0 & 0 & 0 & 0 & 0 & 0 & 0 & 0 & 0 & 0 & 0 & 0 & 0 & 0 & 0 & 1 & 0 & 0 & 0 & 0 \\ 0 & 0 & 0 & 0 & 0 & 0 & 0 & 0 & 0 & 0 & 0 & 0 & 0 & 0 & 0 & 0 & 1 & 0 & 0 & 0 \\ 0 & 0 & 0 & 0 & 0 & 0 & 0 & 0 & 0 & 0 & 0 & 0 & 0 & 0 & 0 & 0 & 0 & 1 & 0 & 0 \\ 0 & 0 & 0 & 0 & 0 & 0 & 0 & 0 & 0 & 0 & 0 & 0 & 0 & 0 & 0 & 0 & 0 & 0 & 1 & 0 \\ 0 & 0 & 0 & 0 & 0 & 0 & 0 & 0 & 0 & 0 & 0 & 0 & 0 & 0 & 0 & 0 & 0 & 0 & 0 & 1 \\ 0 & 0 & 0 & 0 & 0 & 0 & 0 & 0 & 0 & 0 & 0 & 0 & 0 & 0 & 0 & 0 & 0 & 0 & 0 & 0 \end{bmatrix}$$

图 5-9　邻接矩阵存储生产运输空间 AON 网络图

工期为：$d = [0,6,5,6,5,4,4,3,5,5,4,4,7,5,6,3,12,3,12]$

资源为：$r = [0,3,3,3,3,2,2,2,2,2,2,2,4,2,2,2,4,1,4,1]$

（3）生成项目调度计划

以装配空间为例，基于启发式算法得到不同资源线下的调度计划共有 50 多种，这里只列举了几种典型的调度计划项目进度活动如表 5-4 所示。

表 5-4　项目进度活动

资源线	不同资源线下活动安排
15	1 2 3 7 6 5 4 8 9 10 11 13 12 15 14 16 17 18 19 21 20 22 23 24 25
14	1 2 3 4 5 6 7 8 10 9 11 15 14 13 12 16 17 18 19 21 22 20 23 24 25
13	1 2 6 7 5 3 4 8 10 9 11 13 14 15 12 16 17 18 21 19 20 22 23 24 25
12	1 2 6 3 4 7 5 8 9 10 11 14 12 13 15 16 17 19 20 22 23 24 25
11	1 2 6 3 7 4 5 8 10 9 11 12 13 15 16 17 18 19 20 22 23 24 25
10	1 2 7 6 3 4 5 8 10 9 11 12 14 15 16 17 18 19 20 21 22 23 24 25
9	1 2 6 5 3 7 4 8 9 10 11 15 14 13 12 16 17 18 21 19 20 22 23 24 25
8	1 2 6 3 4 5 7 8 9 10 11 14 15 12 13 16 17 18 19 22 20 23 24 25
7	1 2 3 4 7 5 6 8 9 10 11 15 12 14 13 16 17 18 21 19 22 20 23 24 25
6	1 2 3 5 7 4 6 8 9 10 11 15 12 14 13 16 17 18 21 19 22 20 23 24 25
5	1 2 6 3 5 4 7 8 10 9 11 13 14 15 12 16 17 18 21 19 22 20 23 24 25

表 5-4 只列举了一个资源线下的一种活动安排，代表着一种调度计划，例如对于资源线 $K=15$ 时，在该资源线下的一种活动执行顺序就是第一个执行的活动是 1，然后是活动 2，紧接着是活动 3，直至最后执行活动 25，所以执行顺序是：

1—2—3—7—6—5—4—8—9—10—11—13—12—15—14—16—

17—18—19—21—20—22—23—24—25

以下是各资源线下各调度计划中工序的开工时间 st 和结束时间 ft，以及项目工期 t_n。

$k=15$ 时

$st=[1\ 3\ 5\ 5\ 7\ 5\ 5\ 9\ 15\ 15\ 18\ 26\ 26\ 26\ 27\ 29\ 39\ 41\ 43\ 43\ 45\ 46\ 47\ 57\ 59]$

$ft = [\,2\ 4\ 6\ 6\ 7\ 8\ 6\ 14\ 17\ 16\ 25\ 26\ 26\ 26\ 28\ 38\ 40\ 42\ 44\ 45\ 45\ 46\ 56$ $58\ 60\,]$

$t_n = 60$

$k = 14$ 时

$st = [\,1\ 3\ 5\ 5\ 7\ 5\ 5\ 9\ 15\ 15\ 18\ 26\ 26\ 26\ 27\ 29\ 39\ 41\ 43\ 46\ 43\ 45\ 47$ $57\ 59\,]$

$ft = [\,2\ 4\ 6\ 6\ 7\ 8\ 6\ 14\ 16\ 17\ 25\ 26\ 26\ 26\ 28\ 38\ 40\ 42\ 45\ 46\ 44\ 45\ 56$ $58\ 60\,]$

$t_n = 60$

$k = 13$ 时

$st = [\,1\ 3\ 5\ 7\ 5\ 5\ 5\ 9\ 15\ 15\ 18\ 26\ 26\ 26\ 27\ 29\ 39\ 41\ 43\ 43\ 46\ 45\ 47$ $57\ 59\,]$

$ft = [\,2\ 4\ 6\ 7\ 8\ 6\ 6\ 14\ 17\ 16\ 25\ 26\ 26\ 26\ 28\ 38\ 40\ 42\ 45\ 44\ 46\ 45\ 56$ $58\ 60\,]$

$t_n = 60$

$k = 12$ 时

$st = [\,1\ 3\ 5\ 5\ 5\ 7\ 7\ 11\ 17\ 17\ 20\ 28\ 28\ 28\ 29\ 30\ 40\ 42\ 44\ 46\ 44\ 47\ 48$ $58\ 60\,]$

$ft = [\,2\ 4\ 6\ 6\ 6\ 10\ 7\ 16\ 19\ 18\ 27\ 28\ 28\ 29\ 29\ 39\ 41\ 43\ 45\ 46\ 46\ 47\ 57$ $59\ 61\,]$

$t_n = 61$

$k = 11$ 时

$st = [\,1\ 3\ 5\ 5\ 5\ 7\ 7\ 11\ 17\ 17\ 20\ 28\ 28\ 29\ 29\ 31\ 41\ 43\ 45\ 48\ 45\ 47\ 49$ $59\ 61\,]$

$ft = [\,2\ 4\ 6\ 6\ 6\ 10\ 7\ 16\ 19\ 18\ 27\ 28\ 28\ 29\ 30\ 40\ 42\ 44\ 47\ 48\ 46\ 47\ 58$ $60\ 62\,]$

$t_n = 62$

$k = 10$ 时

$st = [\,1\ 3\ 5\ 5\ 5\ 7\ 7\ 11\ 17\ 17\ 20\ 28\ 28\ 29\ 29\ 31\ 41\ 43\ 45\ 45\ 48\ 47\ 49$ $59\ 61\,]$

$ft = [\,2\ 4\ 6\ 6\ 6\ 7\ 10\ 16\ 18\ 19\ 27\ 28\ 28\ 30\ 29\ 40\ 42\ 44\ 47\ 46\ 48\ 47\ 58$ $60\ 62\,]$

$t_n = 62$

$k = 9$ 时

$st = [1\ 3\ 5\ 5\ 7\ 7\ 8\ 12\ 18\ 18\ 21\ 29\ 29\ 30\ 30\ 32\ 42\ 44\ 46\ 49\ 46\ 48\ 50$ $60\ 62]$

$ft = [2\ 4\ 6\ 6\ 7\ 8\ 11\ 17\ 19\ 20\ 28\ 29\ 29\ 31\ 30\ 41\ 43\ 45\ 48\ 49\ 47\ 48\ 59$ $61\ 63]$

$t_n = 63$

$k = 8$ 时

$st = [1\ 3\ 5\ 5\ 7\ 7\ 8\ 12\ 18\ 18\ 21\ 29\ 30\ 29\ 31\ 32\ 42\ 44\ 46\ 48\ 48\ 51\ 52$ $62\ 64]$

$ft = [2\ 4\ 6\ 6\ 8\ 7\ 11\ 17\ 19\ 20\ 28\ 29\ 30\ 30\ 31\ 41\ 43\ 45\ 47\ 48\ 50\ 51\ 61$ $63\ 65]$

$t_n = 65$

$k = 7$ 时

$st = [1\ 3\ 5\ 5\ 7\ 9\ 9\ 11\ 17\ 17\ 20\ 28\ 28\ 30\ 31\ 32\ 42\ 44\ 46\ 48\ 49\ 52\ 53$ $63\ 65]$

$ft = [2\ 4\ 6\ 8\ 8\ 9\ 10\ 16\ 19\ 18\ 27\ 29\ 28\ 30\ 31\ 41\ 43\ 45\ 47\ 48\ 51\ 52\ 62$ $64\ 66]$

$t_n = 66$

$k = 6$ 时

$st = [1\ 3\ 5\ 7\ 5\ 8\ 10\ 12\ 18\ 18\ 21\ 29\ 31\ 32\ 33\ 34\ 44\ 46\ 48\ 51\ 52\ 54\ 55$ $65\ 67]$

$ft = [2\ 4\ 6\ 7\ 8\ 9\ 11\ 17\ 20\ 19\ 28\ 30\ 31\ 32\ 33\ 43\ 45\ 47\ 50\ 51\ 53\ 54\ 64$ $66\ 68]$

$t_n = 68$

$k = 5$ 时

$st = [1\ 3\ 5\ 5\ 7\ 8\ 10\ 14\ 20\ 20\ 23\ 31\ 32\ 34\ 35\ 36\ 46\ 48\ 50\ 53\ 54\ 56\ 57$ $67\ 69]$

$ft = [2\ 4\ 6\ 6\ 7\ 9\ 13\ 19\ 21\ 22\ 30\ 31\ 33\ 34\ 35\ 45\ 47\ 49\ 52\ 53\ 55\ 56\ 66$ $68\ 70]$

$t_n = 70$

104

（4） 两种模型求解结果

由于本案例未将项目所有资源均考虑在内，因此在计算综合成本值时，将对工期成本考虑一个折减系数，使其反映的效果与资源成本相当，设定折减系数 $\theta = 0.3$，装配空间和生产运输空间的误期赔偿系数分别为：$\mu_1 = 1200$、$\mu_2 = 1000$，项目的限定工期 $T = 62$；人工 1、2 的单位资源成本 $\beta_1 = \beta_2 = 400$。

1）启发式调度模型求解

启发式调度模型装配空间适应度函数：

$$F_1 = \min \left[\mu_1 (FT_1 - T_1)\theta + \beta_m^1 \sum_m \max \left(\sum_{t=st_{1j}}^{ft_{1j}-1} k_{1jm} \right) \right] \quad (5\text{-}3)$$

式中符号意义同前。

启发式调度模型生产运输空间适应度函数为：

$$F_2 = \min(400K_2) \quad (5\text{-}4)$$

启发式调度法求解结果如表 5-5 所示。

表 5-5　启发式调度法求解结果

项目一资源线 K_1	项目一工期 t_{n1}/10 小时	项目二资源线 K_2	项目二工期 t_{n2}/10 小时	装配空间综合成本值 F_1/元
16	59	8	57	5320
15	59	8	57	4920
14	59	8	57	4520
13	59	8	57	4120
12	59	8	57	3720
11	59	8	57	3320
10	60	8	57	3280
9	61	7	61	3240
8	63	7	61	4280
7	67	6	67	3880
6	70	6	67	5280
5	70	5	67	4880

由表 5-5 可知，当现场装配作业空间的资源线 $K_1 = 9$，$t_{n1} = 61$，$K_2 = 7$，$t_{n2} = 61$ 时，装配空间的总成本最小 $F_1 = 3240$。

2）双层优化模型求解

双层优化模型装配空间适应度函数为：

$$F_1 = \min[1200(FT_1 - 62) + 1000(FT_2 - FT_1)] \times 0.3 + 400K_1 \tag{5-5}$$

双层优化模型生产运输空间适应度函数为：

$$F_2 = \min(400K_2) \tag{5-6}$$

优化开始前，首先需要对遗传算法参数进行设置：种群规模为 100，进化代数为 30，交叉概率为 0.6，变异概率为 0.01。通过多次迭代，反复优化，得到双层优化调度结果如图 5-10 所示。

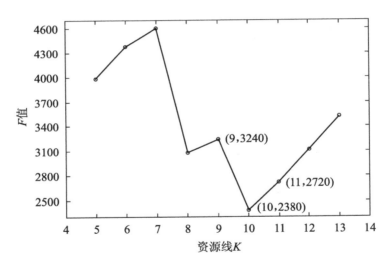

图 5-10　双层优化调度结果示意

最优调度计划如表 5-6 所示。

表 5-6　最优调度计划

装配空间资源线 K_1	装配空间工期 t_{n1}/10 小时	生产运输空间资源线 K_2	生产运输空间工期 t_{n2}/10 小时	装配空间综合成本值 F_1/元
10	60	8	57	2380

将启发式调度模型与双层规划模型最终得到的最优调度结果进行对

比分析，具体分析结果如表 5-7 所示。

表 5-7　两种调度模型最优调度比较

变量	启发式模型	双层规划模型
装配空间资源线 K_1	9	10
装配空间工期 t_{n1}/10 小时	61	60
生产运输空间资源线 K_2	7	8
生产运输空间工期 t_{n2}/10 小时	61	57
装配空间综合成本值 F_1/元	3240	2380

　　为了更好地看出双层模型的优化性，截取其中几个主要资源线下的成本值结果进行对比分析，两种调度模型最优调度比较如图 5-11 所示。

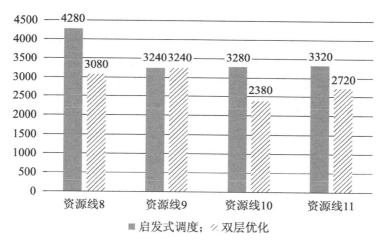

图 5-11　两种调度模型结果对比

　　从表 5-7 可知，虽然采用双层规划优化方法得到的最优调度中，装配空间资源线 $K_1=10$，工期 $t_{n1}=60$，比启发式调度模型求得的最优调度计划中的资源线高 1 个单位，工期少 1 个单位，同时得到的装配空间综合成本值要明显低于采用启发式调度方法所得到的装配空间综合成本值，这说明采用双层规划来优化装配式住宅资源受限项目调度能使装配空间的综合成本值更小，为项目总承包商带来更大的效益。这是由于启发式调度方法虽然分别对装配空间和生产运输空间的综合成本值进行优化，但是忽略了生产运输空间的工期对装配空间综合成本值的影响，往

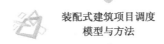

往会导致项目总体资源安排不合理，增加了资源和工期成本，而双层优化更加准确合理地反映了问题的结构和属性，即装配式项目调度中多空间之间的相互制约、相互影响。

5.4 本章小结

    本章主要对多维建造空间下装配式项目资源受限调度问题进行了深入研究，在原有启发式调度模型的基础上，考虑了生产运输空间对装配空间的反馈机制，使两空间在相互约束、相互影响下生成项目的最优调度计划，基于此构建了双层规划模型，并设计了一种嵌套遗传算法对该模型进行求解。并且通过一个装配式住宅项目标准层建造实例对启发式调度模型以及双层规划模型进行验证，基于启发式算法和遗传算法相结合求解出两个模型的调度结果以及每个模型下的最优调度计划，并对两个模型的调度结果进行分析，验证了双层规划模型对求解资源受限装配式住宅项目调度问题的优化性。

第6章

考虑学习效应的装配式项目
资源受限调度问题

由于当前装配式生产空间管理水平有限，生产效率及资源利用率低下，因此借鉴制造业成熟的生产调度理论，结合装配式项目特点以及工人的学习效应建立模型去帮助解决资源调度的问题。学习效应是指随着重复性活动工作量的增加或工作时间的累积，单位产量的加工时间会随之缩短，并最终导致成本的降低。

20 世纪 30 年代，Wright 在观察飞机制造时间时发现，随着飞机产量的增加，单架飞机的生产时间下降 20%，这一效应称为学习效应。Wright 同时还提出了描述该现象的学习曲线，创建 Wright 模型。自Wright 提出学习曲线模型后，Evereet 和 Farghal 提出多项式学习曲线模型；Wong 等研究了复杂工作中的学习效应，并提出了双曲线学习效应模型。1999 年由 Biskup 最早将学习效应应用在排序问题中，自此学习效应被大量应用于调度问题中。实际情况中学习率的高低受可控因素、不可控多种因素影响。

在国内学习效应研究方面，对员工学习效率以及项目调度方面研究不断深入。周博首次运用实证研究的方法对我国建筑施工领域的学习效应进行了探索。邵利洁将学习效应应用于项目总工期的优化。蒋红岩等提出学习曲线两阶段模型，该模型能显著改善已有模型预测性能欠佳的不足。龙春晓刻画了工人的施工天数与操作熟练度之间的关系。综上，影响学习效应的因素有外部因素以及内部因素。因此，学习效应对项目实施过程中的工期、成本具有一定影响，本章在考虑学习效应下对装配式项目进行资源调度，减小成本，缩短工期。

6.1 装配式项目关键路线及工期确定

本章主要运用双代号网络找出关键路线对装配式项目进行资源调度。为了更好地对模型进行研究，需要首先寻找项目的关键路线及关键工作，并计算整个项目的工期，为网络计划的优化、调整和执行提供明确的时间参数。关键路径法最初被开发用于项目管理，编制网络计划的基本思想就是在一个庞大的网络图中找出关键路径，并对各关键活动优先安排资源，挖掘潜力，采取相应措施，尽量压缩需要的时间。而对非关键路径的各个活动,只要在不影响工程完工时间的条件下,抽出适当的人力、物力和财力等资源,用在关键路径上,以达到缩短工程工期,合理利用资源等目的。在执行计划过程中,可以明确工作重点,对各个关键活动加以有效控制和调度。

6.2　问题描述及模型假设

6.2.1　问题描述

在以往的研究中对于资源受限项目调度问题,大多数是以最小化工期为优化目标,在最小工期下对应的调度计划为最优调度计划。通过分析装配式项目的特点,当前限制预制建筑推广的原因除了技术难题,另外主要是相关成本的限制,而且一般项目承包商注重项目周期,本书提出了以缩短工期的奖励和增加的人力成本两方面确定的节约成本最大为目标,考虑学习效应对工期及人力成本影响,利用网络计划图,确定关键路线,实现考虑学习效应工程项目的所有调度计划,并对其熟练度进行分析。

6.2.2　模型假设

装配式项目资源受限问题,资源主要可以分为可更新资源和不可更新资源。可更新资源是指,总量虽然有限,但当某项工作结束需要进行下一项工作时,资源可变更为初始的总量,例如设备、人力资源等;对于不可更新资源,资源量会随着施工的进行而不断减少,如使用的原材料、资金等。本书研究的装配式项目资源受限问题,仅考虑人力资源。同时,提出如下假设。

假设1:每个工序作业持续时间不变,工序的紧前紧后关系确定不变,单个工序作业连续不可中断。

假设2:视工序的难易程度、技术难度不同,不同工序之间生熟工人的工资差距也不同。故本书在计算人力成本时,工资水平与生产效率成正比。

假设 3：关于熟练工养成的假设，针对同一项工序，工人转换为熟练工的时间都是相同的。由于工序的复杂程度，学习难度，各工序工人的学习效率是不同的，即熟练工养成时间是不同的。但学习曲线可以反映出工人的平均学习时间，体现出较为普遍的规律。所以，本书理想化的假设为工人在某工序上的学习时间相同且等于熟练工养成时间。

假设 4：不考虑在施工过程中的资源浪费问题。

6.3 考虑学习效应装配式项目资源受限问题求解

6.3.1 目标函数确定

建立由抢工奖励和增加的人力成本构成的最大节约成本，节约成本越大，说明学习效应对资源调度的影响以及薪资定制的越合理。本章提出的装配式项目资源受限调度模型如下所示，式（6-1）表示最大节约成本是由抢工奖励以及人员成本增加组成，符号含义见表 6-1。

$$F = \max \left[\mu \sum_{i=1}^{M} (T_s - \sum_{i=1}^{n} t_i) + \sum_{i=1}^{M} (C - \sum_{i=1}^{n} C_i) \right] \qquad (6-1)$$

表 6-1 装配式项目资源受限调度模型参数

符号	说明
i	任务编号，$i=1,2,3,\cdots,n$
j	任务 j 是任务 i 的紧后任务
t_i	单个任务工期，$k=0$ 时，$t=t_0$
m	工件序号，$m=1,2,\cdots,M$
α	学习效应的学习因子，$\alpha = \dfrac{\lg c}{\lg 2}$
c	学习效应的学习率
k	累计件数
P_i	活动首个构件的工作时间
q_i	熟练后生产单个构件的时间

续表

符号	说明
C_i	任务 i 的人力成本,初始底薪成本为 C
T_s	项目初始的限定工期
d_i	任务 i 的持续时间
st_i	任务 i 的开始时间
ft_p	任务 p 的及前面任务的完工时间之和,$ft_p = st_p + d_p$
a	任务 i 的薪资变动值
b	底薪
Λ_t	在时段 t 处于工作状态的任务集合
R	某时刻资源的供给量
$r^{\max}$	项目所有时刻对资源的最大消耗量
r_i	任务 i 每期所需可更新资源量
μ	项目 i 的误期赔偿系数
F	节约成本

6.3.2　约束构建

由于装配式项目是循环往复的过程,在运作过程中,重复活动贯穿整个项目,因此,在本调度模型中初始总工期与考虑学习效应调度的总工期之差为

$$T = T_s - \sum_{i=1}^{M} t_i$$

随着重复次数增加,生产构件单个活动的完成时间随之改变为

$$t_i = \begin{bmatrix} P_i k^\alpha & k > 1 \\ P_i & k = 1 \end{bmatrix} \tag{6-2}$$

由于工人熟练度不同,产生不同的生产效率,考虑合理化薪资对人力成本影响也是本书创新点之一,考虑工人薪资随着生产效率不同而改变,那么人力增加成本为

$$C_k = \sum_{i=1}^{M} C_i - C$$

即涨薪后人力总成本与初始人力总成本的差值。随着重复次数不同，单个工序的人力成本变化见式(6-3)。

$$C_i = \begin{cases} r_i(a+b) & k>1 \\ r_i b & k=1 \end{cases} \qquad (6\text{-}3)$$

在项目施工中，作为施工方提前完成项目，D 为预计工期，SD 为实际完工时间，实际完工时间比预计工期短（$D>SD$），此种情况可以从开发商得到抢工奖励 OR_t；反之（$D \leqslant SD$），开发商可从合同中扣除误工惩罚 AR_t，导致节约成本减少，总成本增加。根据实际完成工期判断是得到抢工奖励还是误工惩罚见式(6-4)。

$$\mu = \begin{cases} \sum\limits_{t=1}^{D-SD} OR_t & D>SD \\ \sum\limits_{t=1}^{SD-D} AR_t & D \leqslant SD \end{cases} \qquad (6\text{-}4)$$

综上，紧前紧后工序不改变且连续，下个工序开始前需要此工序前面所有工序完成，SS_{ij} 表示工作 j 开始时间晚于工作 i 开始时间，消耗的可更新资源不能超过总资源。对目标函数进行的条件约束见式(6-5)。

$$\text{S. T.} \begin{cases} st_i \geqslant \max ft_p, \ \forall i \\ SS_{ij}^{\min} \leqslant t_j - t_i \leqslant SS_{ij}^{\max} & i \neq j \\ \sum\limits_{(1,i) \in \Delta_i} r_i^{\max} \leqslant R, \ \forall i \end{cases} \qquad (6\text{-}5)$$

6.4 案例分析

预制构件工厂生产模式已逐渐取代施工现场生产模式，成为装配式预制构件生产主流，并逐渐发展为自动化流水线生产模式，本章主要以装配式项目的预制构件自动化生产流水线为研究对象。生产空间工艺流程如图 6-1 所示。

根据装配式项目生产模拟生产流程，本项目主要讨论生产空间中模板安装、放样、放钢筋笼、放预埋件、混凝土浇筑、拉毛刮平共 6 个工

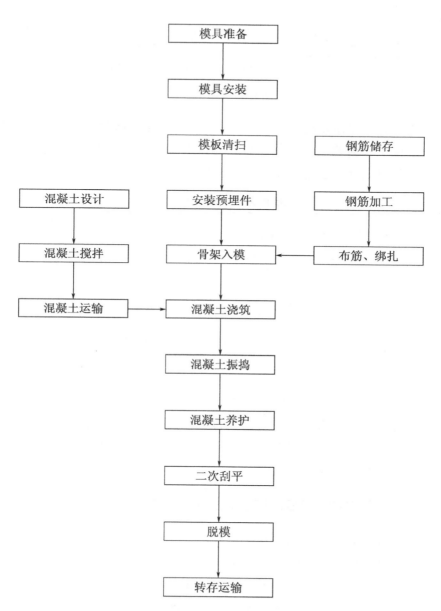

图 6-1 生产空间工艺流程

序,包括进入流水线生产人数及生产持续时间。生产流程如图 6-2 所示。图中 1~7 表示节点,括号外数字表示生产持续时间,括号内数字表示生产人数。

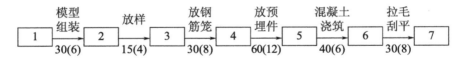

图 6-2　生产流程

由于每个工序规模、设计、生产工艺不一致，因此各个工序的工作量、具体工作内容不一样。所以，参考实际设定不同的熟练度下的薪资，初始设定薪资变动情况如表 6-2 所示。

表 6-2　薪资变动情况

工序	学习率	底薪/元	累计件数/件				
			10	20	30	40	熟练
模型安装	0.9	180	200	210	220	220	220
放样	0.95	160	180	200	200	200	200
放钢筋笼	0.8	200	230	230	240	240	240
放预埋件	0.75	240	290	300	300	310	320
混凝土浇筑	0.9	180	200	200	210	210	220
拉毛刮平	0.95	200	220	220	240	240	240

设定抢工奖励和误工惩罚均为每单位时间 20 元，考虑完成单个工件的工期、人力成本以及节约成本，其中人力资源总数不变，得到初始数据 $T=1680$，$R=8880$。

（1）考虑学习效应时的工期及人力成本

考虑学习效应可以得到以下结果：

$k=10$，$T=934$，$C_k=10200$，$F=13600$；

$k=20$，$T=764$，$C_k=10460$，$F=16740$；

$k=30$，$T=739$，$C_k=10820$，$F=16880$；

$k=40$，$T=650$，$C_k=10940$，$F=18540$；

熟练度为 1，$T=638$，$C_k=11280$，$F=18440$。

由此可以看出，考虑学习效应的实际完工时间明显比预计完工时间少，虽人力成本增加，但最后的节约成本为正数且不断上升。说明学习效应在实际施工过程中客观存在。

（2）考虑学习效应的资源受限调度

考虑学习效应的调度得到以下结果：

$k=10$，$T=898$，$C_k=10280$，$F=14280$；

$k=20$，$T=738$，$C_k=10520$，$F=17240$；

$k=30$，$T=697$，$C_k=10860$，$F=17720$；

$k=40$，$T=602$，$C_k=10980$，$F=19500$；

熟练度为1，$T=590$，$C_k=11400$，$F=19320$。

累计生产件数与节约成本的关系如图 6-3 所示。

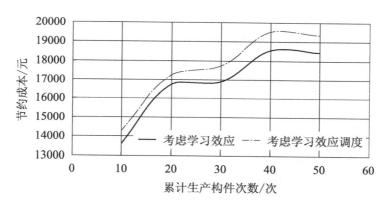

图 6-3　累计生产件数与节约成本的关系

从图 6-3 可以看出，含学习效应的资源调度优势明显，从实际施工角度考虑学习效应的调度可以减少消耗成本，缩短工期，得到抢工奖励。从图中趋势可以看出，随着重复次数增加，节约成本不断增大，但也会达到顶峰后下降，生产速度趋于平缓。考虑学习效应的资源调度节约成本优于未调度的节约成本。资源调度可以缩短工期，增加抢工奖励，平衡资源。

（3）熟练度

探究各工序不同重复次数的熟练度 ω_i（熟练时单个构件生产时间与未熟练时单个构件生产时间之比，熟练时 $k=k_n$，$\omega_i=100\%$），学习效应是在不断重复过程中产生的，重复次数越多，效率越高。

$$\omega_i = \frac{q_i}{t_i} = \frac{P_i k_n^a}{P_i k^a} = k_n^a k^{-a} \quad k \geqslant 1 \qquad (6\text{-}6)$$

式中符号意义同前。

通过计算发现随着重复次数不断增加，各工序生产单个构件时间不断减少，得出熟练度如表 6-3 所示（熟练度至多为 1）。

表 6-3　累计生产构件的熟练度

项目	模型安装 $c = 0.9$	放样 $c = 0.95$	放钢筋笼 $c = 0.8$	放预埋件 $c = 0.75$	混凝土浇筑 $c = 0.9$	拉毛刮平 $c = 0.95$
$k = 0$	0.567	0.8	0.267	0.167	0.5	0.767
$k = 10$	0.804	0.947	0.562	0.433	0.744	0.911
$k = 20$	0.893	0.996	0.702	0.578	0.827	0.959
$k = 30$	0.95	1	0.8	0.684	0.879	0.989
$k = 40$	1	1	0.878	0.77	0.918	1
$k = k_n$	1	1	1	1	1	1

熟练度可以通过计算各工序不同重复次数单位生产时间得出，以放预埋件工序为例，讨论其在不同重复次数时的熟练度，可以得出 $k = 10$，$\omega_4 = 43.3\%$；$k = 20$，$\omega_4 = 57.8\%$；$k = 30$，$\omega_4 = 68.4\%$；$k = 40$，$\omega_4 = 77\%$。熟练度随着重复次数增加不断上升。累计生产件数与熟练度的关系见图 6-4。

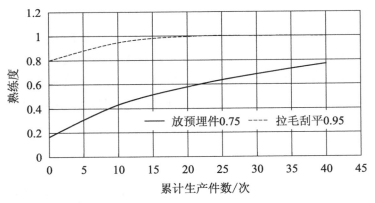

图 6-4　累计生产件数与熟练度的关系

从图 6-4 可以看出，学习率越低，达到最高效率需要的时间多。在第一次生产构件时各工序熟练度分别为 56.66%、80%、26.66%、16.66%、50%、76.66%。通过对比工人做首个构件的熟练度，可以看出钢筋绑扎和放预埋件此两项工序熟练度最低，同时这两项工序学习率最低，也就是说，通过计算熟练度得出，此两道工序复杂，学习难度大，提高钢筋绑扎和放预埋件的施工效率是非常有必要的。

6.5 本章小结

本章考虑装配式项目在实际施工中具有标准性、重复性的特点，引入学习效应概念，考虑学习效应对施工成本的影响，提出由抢工奖励和增加的人力成本构成的节约成本，以紧前紧后工序不变、资源消耗不超过总资源为约束建立模型。验证了学习效应存在的客观性，同时考虑学习效应的资源调度可以更有效地节约成本。通过学习率以及计算生产首个构件的熟练度可以看出，钢筋绑扎和放预埋件两个工序的生产难度大、效率低，生产首个构件耗时长，重复次数上升后，施工效率显著提高。在实际施工过程中应考虑学习效应对工期的影响，考虑学习效应的资源调度对装配式项目实施中具有参考价值。

第7章

多模式下装配式资源受限项目调度方法

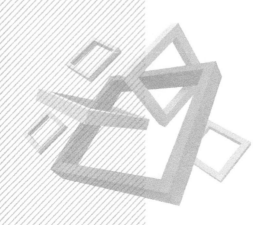

　　装配式建筑项目在施工中还存在机械设备的选型、赶工、劳动力资源的可用性以及现场作业面的限制等问题，这导致装配式建筑项目有多种可能的执行模式，每一种模式需要不同的作业时间以及资源投入量，再加上项目进度计划的制定需要满足各工序之间的逻辑约束和资源约束以及不确定因素的影响，这导致装配式建筑不仅在工期方面与现浇建筑相比相差甚小，而且还需要较高的建设成本。因此亟须开展多模式下装配式建筑资源受限调度研究。

　　近年来，许多学者在多模式资源受限项目调度（multi-mode resource constrained project scheduling problem，MRCPSP）领域中取得了很大的进展，Hazır 和 Schmidt 研究了不确定环境下多模式项目综合调度控制模型，提出了基于禁忌搜索算法和非线性规划法组合优化算法，并通过工程实例验证了算法的优化效果。Deblaere 等研究了在资源不确定环境下多模式 MRCPSP 中的反应调度问题。连静分析了装配式建筑施工过程及调度特点，在多模式资源受限项目调度和鲁棒性调度的理论基础上，构建了多种可执行模式的双目标调度优化模型，并设计多目标优化算法进行模型求解，最后通过工程实例验证了模型和算法可以为项目合理安排工期和资源。谢芳等开展多模式下建筑项目应用研究，建立柔性资源约束下的建筑项目调度工期和成本优化模型，设计多目标非支配排序遗传算法（NSGA-II）获取问题的帕累托最优解，并验证算法的有效性。

　　本章在装配式建筑一体化建模时分析了在资源投入量不同时所产生的通常模式和压缩模式，即多模式下装配式建筑资源受限项目调度研究方法，构建以装配空间工期最短，以及在装配空间工期最短约束下生产空间工期最短为目标的优化模型，设计 CS 算法进行优化求解，并通过工程实例验证所提调度优化模型和算法的有效性，对装配式建筑项目调度的研究具有重要意义。

7.1　多模式下装配式建筑资源调度模型

7.1.1　装配式项目虚拟时间窗概念模型

　　装配式建筑项目调度涉及生产空间、运输空间和装配空间。在实际中，生产空间和装配空间之间的配送距离是一定的，在没有特殊情况发生的条件下，生产空间和装配空间之间的配送成本、配送时间是一定的。为了问题的简化分析，本节不对运输空间进行专门的分析。为了更好地把生产空间和装配空间衔接在一起，本节引用虚拟时间窗的概念。装配空间根据现场施工作业完成情况，给出生产空间交货时间窗，用交货时间窗减去装车、运输时间，形成虚拟时间窗。虚拟时间窗与生产空间的最短生产结束时间所对应，这样生产空间为了自身利益最大化，避免库存成本和拖期成本的产生，必须进行合理的调度安排，确定每个活动的资源投入量，使生产空间构件生产所产生的工期在虚拟时间窗内，确保生产空间预制构件准确、有序地向装配空间提供，使装配式建筑一体化调度工期尽可能最短。图 7-1 为虚拟时间窗概念模型。

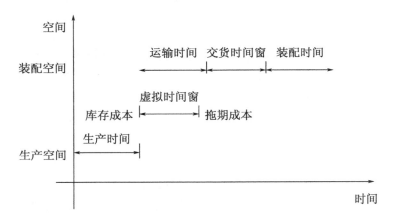

图 7-1　虚拟时间窗概念模型

7.1.2　装配式建筑调度过程概念模型

为了更直观地描述装配空间和生产空间的调度关系，将其调度过程进行模拟解析，同时参考陈伟等提出的装配式调度过程概念，形成装配式建筑调度过程概念模型，如图 7-2 所示。

① 在 T_0 时间段内，装配空间进行下单并进行前期准备工作，同时给出第一个虚拟时间窗口，生产空间进行预制构件 A_1 的生产。

② 在 T_0 至 T_{n-1} 时间段内，现场装配空间进行连续的现场装配作

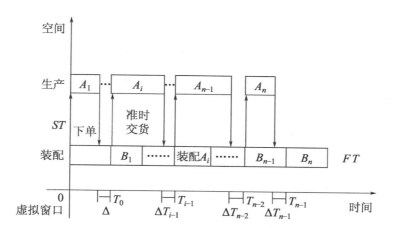

图 7-2　装配式建筑调度过程概念模型

业，生产空间进行预制构件 $A_2 - A_n$ 的生产。

③ 在 T_{n-1} 至 T_n 时间段内，只是装配空间进行现场装配作业，进行预制构件 A_n 的现场装配。

7.1.3　多空间降维处理

装配空间根据标准层建设按照时间段进行划分，形成一个单独的建设周期 i，在同一个建设周期内，装配空间进行标准层现场施工，生产空间进行预制构件的生产供应，虽然生产空间和装配空间在同一个标准层所划分的建设周期内进行生产建设活动，但是生产空间预制构件的生产供应是为下一个标准层建设进行服务的，这就导致同一标准层生产和装配调度不同步问题，为了解决这一问题，本节对陈伟等提出的基于时间轴降维处理技术进行借鉴，考虑在实际中装配空间每一标准层的建设工作为重复性工作，即装配空间每一标准层现场装配的工作内容是一样的，鉴于此可以将装配空间 B_i 与生产空间 A_i 放在同一时间段进行建模分析。这样就解决了两作业空间在同一时间段的生产建设活动因服务于不同建设周期所产生的调度不同步问题，大大降低了问题复杂度，更好地反映了两空间的调度和牵制。虚拟交货降维示意图如图 7-3所示。

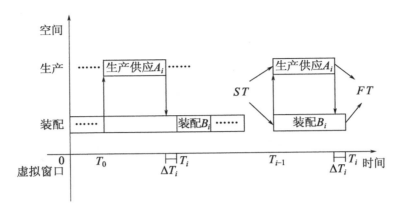

图 7-3 虚拟交货降维示意

7.1.4 调度模型构建

以装配式建筑其中一个标准层构建装配式建筑总体调度示意图，如图 7-4 所示。

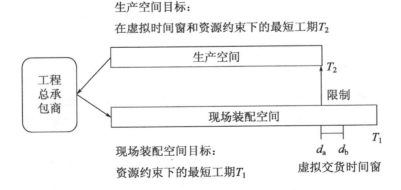

图 7-4 装配式建筑总体调度示意图

现场装配空间在单位工期限量下的资源约束下，求出最短工期，并确定虚拟交货时间窗，生产空间在虚拟交货时间窗和单位工期限量下的资源约束下，求出最短工期。

本节采用 AON 有向活动网络图，活动集合 $V = (1, 2, \cdots, n)$ 引入虚活动 0 和 $N+1$，虚活动只有一种执行模式、不占用资源且执行时间为 0，定义 f_i 为活动 i 的完工时间，则 f_{n+1} 为虚活动 $N+1$ 的完工时间，即项目总工期。项目执行需要 K 种可更新资源，第 $k(k \in \{1,2,\cdots,K\})$ 种可跟新资源已有资源可用量为 R_k。M_i 为活动 i 的执行模式集合，活动 i 的执行模式 $m_i(m_i \in M_i)$ 的工期为 d_{im_i}，单位时间内对资源 k 的需求量为 $r_{ik}^{m_i}$。定义 $X_i^{m_i}$ 为决策变量，若活动 i 以模式 m_i 执行，则 $X_i^{m_i}=1$，否则 $X_i^{m_i}=0$。

因此资源约束下的多模式装配式建筑项目调度问题可以抽象成如下数学问题：在资源约束下，将项目转化成 AON 网络图，从虚活动 0 到虚活动 $N+1$ 将所有活动遍历且只遍历一次所花时间最短的旅行商（traveling salesman problem，TSP）问题。多模式下装配式建筑资源受限调度模型参数如表 7-1 所示。

表 7-1　多模式下装配式建筑资源受限调度模型参数

符号	说明
V	活动集合,$V=\{1,2,\cdots,n\}$
f_i	活动 i 的完工时间
K	所需可更新资源种类
R_k	第 $k(k \in \{1,2,\cdots,K\})$ 种可更新资源已有资源可用量,K 为总的可更新资源数
M_i	活动 i 的执行模式集合
m_i	活动 i 的执行模式
$r_{ik}^{m_i}$	单位时间内对资源 k 的需求量
d_{im_i}	活动 i 的执行模式 $m_i(m_i \in M_i)$ 的工期
$X_i^{m_i}$	决策变量
A_t	在时间 t 处于工作状态的活动集合

调度模型构建如下：

$$\min f_{n+1} \tag{7-1}$$

$$\sum_{i \in A_t} \sum_{m_i \in M_i} r_{ik}^{m_i} X_i^{m_i} \leqslant R_k \tag{7-2}$$

$$f_j - \sum_{m_j \in M_j} (X_j^{m_j} d_{jm_j}) \geqslant f_i \tag{7-3}$$

$$\sum_{m_i \in M_i} X_i^{m_i} = 1 \tag{7-4}$$

$$X_i^{m_i} \in \{0,1\}, \ \forall i \in V \qquad (7\text{-}5)$$

上述模型中，式(7-1) 为目标函数，f_{n+1} 为虚活动 $n+1$ 的完工时间，即项目总工期，最小化装配空间项目工期。式(7-2) 为资源约束，A_t 表示在时间 t 处于工作状态的活动集合。式(7-3) 表示紧前关系约束，活动 i 完成后，活动 j 才能开始工作。式(7-4) 表示模式约束，活动 i 选择了一种模式，只能在该种模式下进行。式(7-5) 为 $X_i^{m_i}$ 的定义域约束。

$$\min f'_{n+1} \qquad (7\text{-}6)$$

$$\sum_{i \in A_t} \sum_{m_i \in M_i} r_{ik}^{m_i} X_i^{m_i} \leqslant R_k \qquad (7\text{-}7)$$

$$f_j - \sum_{m_j \in M_j} (X_j^{m_j} d_{jm_j}) \geqslant f_i \qquad (7\text{-}8)$$

$$\sum_{m_i \in M_i} X_i^{m_i} = 1 \qquad (7\text{-}9)$$

$$X_i^{m_i} \in \{0,1\}, \ \forall i \in V \qquad (7\text{-}10)$$

$$d_a \leqslant F_2 \leqslant d_b \qquad (7\text{-}11)$$

相似地，目标函数式(7-6) 为最小化生产空间工期。式(7-7) 为资源约束，A_t 表示在时间 t 处于工作状态的活动集合。式(7-8) 表示紧前关系约束，活动 i 完成后，活动 j 才能开始工作。式(7-9) 表示模式约束，活动 i 选择了一种模式，只能在该种模式下进行。式(7-10) 为 $X_i^{m_i}$ 的定域约束。式(7-11) 为虚拟交货时间窗约束，d_a 和 d_b 分别为最早和最晚交货时间点。

7.2　基于CS算法的多模式下装配式资源受限调度方法

7.2.1　CS算法

在 2009 年，Yang 和 Deb 基于一些布谷鸟种属寄生行为，结合一些鸟类和果蝇的莱维（Lévy）飞行行为，制定了一个新的元启发式算法，即布谷鸟搜索（cukoo search，CS）算法。自然界中，布谷鸟寻找适合自己产蛋的鸟巢位置是随机的或是类似随机的方式，为模拟布谷鸟寻巢，Yang 和 Deb 假设了以下 3 个理想规则：

① 布谷鸟一次只产一个蛋，并随机选择鸟巢来孵化；

② 最好的鸟巢将会被保留到下一代；

③ 可用鸟巢数量 n 是固定的，一个鸟巢的宿主能发现一个外来鸟蛋的概率为 $P_a \in [0,1]$。

布谷鸟的鸟蛋可以被宿主发现，宿主可抛出鸟蛋或放弃该鸟巢，因此，布谷鸟的鸟蛋可分为成功寄生和被发现两种。莱维飞行的思想是由较长时间的短步长和较短时间的长步长组成，对于捕食者来说，方向选择是随机的。服从均匀分布，因为在不知道任何信息的前提下，对于捕食者来说各个方向存在猎物的可能性相等，莱维分布要求大概率落在值比较小的地方，而小概率落在值比较大的地方。

7.2.2 算法设计

本节所要求解的问题为多模式下装配式建筑资源受限下的最短工期优化问题，而 CS 算法本质是为寻找最小值所产生的算法，这种算法与传统优化算法相比参数更少，设计起来简单、高效而且随机搜索能力强，目前在工程优化领域取得了很好的应用效果，所以本节选取 CS 算法进行算法设计，以下为以工期最短为优化目标的 CS 算法在本节中的设计。

（1） 编码方案

针对本节所研究的多模式下装配式建筑资源受限一体化调度模型和最短工期优化问题的特性，并考虑到 CS 算法自身的特点，本节采用基于任务优先级的实数编码。该编码方案下的任务优先级值与 CS 算法中的莱维飞行位置更新均为实数计算，将实数映射为优先级。本节将一个布谷鸟的巢 $X_i = [x_{i1}, x_{i2}, \cdots, x_{in}]$ 转换为转化为 MRCPSP 中每个调度任务的优先级，然后为每一个调度任务选择一个执行模式。解决方案中实数值的上下界为 $[-10, 10]$。通过这种编码方式获得调度优先级和执行模式，并解码生成最终的解决方案。

（2）CS 算法求解 MRCPSP 的流程

① 对本节设计的 CS 算法进行参数设置，种群规模 n 和发现概率 p_a 为 CS 算法中的两个重要参数，本节设置 $n=30$，$p_a=0.25$，根据求解问题的规模以及与其他算法的有效比较，最大迭代次数 $G=3000$。

② 随机初始化解决方案，基于任务优先级编码方式，将其转换为任务调度优先级，评估各鸟巢适应度，在当前解集中找出最优解决方案。

③ 使用莱维飞行获得新的解决方案，基于任务优先级编码方式，将其转换为任务调度优先级，评估各鸟巢适应度，依据贪婪选择更新解决方案，在当前解集中找出最优解决方案。莱维飞行公式如下：

$$X_i^{t+1}=X_i^t+\alpha\oplus\text{levy}(\lambda) \tag{7-12}$$

$$\text{levy}(s,\lambda)\sim s^{-\lambda} \quad (1<\lambda\leqslant 3) \tag{7-13}$$

式中　X_i^t——第 i 个鸟巢在第 t 代的位置；

　　　$\oplus$——点对点乘法；

　　　α——步长控制量，在大多数情况下取 1；

　levy(λ)——莱维搜索路径；

　　　s——莱维随机步长。

④ 依据抛弃概率 p_a 和偏好随机游走策略更新部分解决方案。依据概率更新部分解的公式如下：

$$\begin{cases}X_i^{t+1}=X_i^t+v(X_j^t-X_k^t), & \text{随机数}>p_a\\X_i^{t+1}=X_i^t, & \text{否则}\leqslant p_a\end{cases} \tag{7-14}$$

式中　v——压缩因子。

$v\sim[0,1]$ 上的均匀分布，依据概率 p_a 丢弃部分解，其目的是生成新的解来替换淘汰的解。

⑤ 找出当前最优解决方案，若优于以往最佳解决方案，则替换并记录全局最优解决方案。

⑥ 判断当前迭代数是否小于最大迭代数，如果是则重复进行步骤③～⑤，否则进行步骤⑦。

⑦ 输出最优值和最佳解决方案。

CS 算法求解 MRCPSP 问题流程如图 7-5 所示。

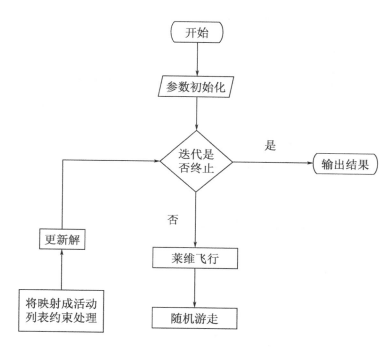

图 7-5　CS 算法求解 MRCPSP 问题流程

7.3　案例分析

选取某装配式住宅小区建设一个标准层施工过程展开算例分析。此标准层装配空间施工主要包括 15 项活动，生产空间构件生产主要包括 13 项活动，基于资源投入量的不同项目中每个活动分为两种执行模式，活动可适当延缓的通常模式（T）和活动紧急时的压缩模式（Y），为了方便分析，考虑一种可更新资源人工。根据实际调查，装配空间和生产空间之间的配送距离是一定的，在没有特殊情况发生的条件下配送时间为 6 小时，装配空间根据实际需求规定交货时间窗所需时间段为 4 小时。装配空间单代号网络如图 7-6 所示，生产空间单代号网络如图 7-7 所示。

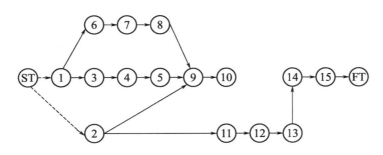

图 7-6　装配空间单代号网络

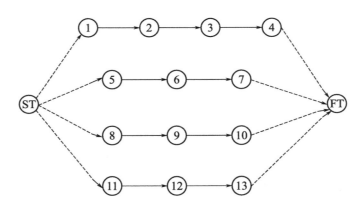

图 7-7　生产空间单代号网络

装配空间和生产空间各任务单位工期资源约束为 10，生产空间资源与工期需求如表 7-2 所示，装配空间资源与工期需求如表 7-3 所示。

表 7-2　生产空间资源与工期需求

任务	任务名称	通常模式（T）		压缩模式（Y）	
		工期	资源	工期	资源
1	外墙 1	8	4	6	6
2	外墙 2	7	4	5	7
3	外墙 3	8	4	6	8
4	外墙 4	7	4	5	5
5	内墙 1	6	3	4	4
6	内墙 2	6	2	5	4

续表

任务	任务名称	通常模式（T）		压缩模式（Y）	
		工期	资源	工期	资源
7	内墙3	5	3	3	5
8	叠合板1	7	3	5	6
9	叠合板2	7	3	5	5
10	叠合板3	6	3	5	4
11	楼梯	9	5	7	7
12	阳台	8	3	6	4
13	空调板	8	3	6	5

表 7-3　装配空间资源与工期需求

任务	任务名称	通常模式（T）		压缩模式（Y）	
		工期	资源	工期	资源
1	构件入场及准备	5	3	3	4
2	施工放线及标高测定	3	2	2	3
3	预制墙体吊装	6	3	4	4
4	斜支撑安装	5	4	4	3
5	套筒灌浆	8	6	6	8
6	节点区钢筋绑扎与支模	4	4	2	5
7	现浇墙柱绑扎与支模	9	5	6	9
8	现浇梁钢筋绑扎与支模	8	5	6	7
9	预制叠合板吊装与支模	10	7	7	10
10	预制楼梯吊装及搭接处理	6	4	5	3
11	预制阳台吊装及接缝处理	5	3	3	5
12	预制空调板吊装及接缝处理	4	2	3	4
13	现浇板底筋绑扎	9	5	5	9
14	梁板面筋绑扎	7	6	5	8
15	结构混凝土浇筑	5	5	3	7

利用本节提出的 CS 算法进行算例求解，根据 Yang 和 Deb 对 CS 算法的试验，验证结果表明：在利用 CS 算法对问题进行优化求解时，大多数优化问题的发现概率 p_a 取 0.25，种群规模 n 在 $[15,40]$ 之间取值已经足够，并且结果和分析表明收敛速度在一定程度上对所有参数不敏感。

综上，本节利用 MATLAB 和 CS 算法对算例进行编程求解，参数设置为：种群规模取 $n=30$，发现概率 $p_a=0.25$，根据求解问题的规模以及与其他算法的有效比较，算法迭代过程中产生解的最大个数限制为 3000，即最大迭代次数 $G=3000$，单位工期资源限量取 10，运输时间 $t_1=6$，交货时间 $t_2=4$，导入表 7-2、表 7-3 数据进行算法运行，算法运行得到 30 次最优解时停止运算。

① 若装配式项目总承包商追求装配空间项目工期最短，则算法运行得到 30 次最优解时的运行结果为：装配空间项目最短工期 38 小时，装配空间平均工期为 40.7 小时，此时对于项目总承包商来说，装配空间和生产空间的最佳调度方案为如表 7-4 所示。

表 7-4　装配空间最优下的调度方案

装配空间最佳调度方案	
执行顺序	10—14—12—1—2—3—5—8—13—4—6—7—9—15—11
执行模式	0—0—0—1—0—0—0—1—0—0—0—0—1—1—1
完成时间	5—5—8—8—9—9—16—17—22—24—25—33—35—38—38
生产空间最佳调度方案	
执行顺序	12—7—5—11—6—3—13—10—1—9—8—2—4
执行模式	1—0—1—1—1—0—1—0—0—0—0—1—0
完成时间	4—5—8—11—13—16—18—19—23—24—30—30—31

在表中 0 代表通常模式，1 代表压缩模式，执行顺序和完成时间排列顺序为任务自然数顺序。

若装配式项目总承包商追求生产空间项目工期最短，则算法运行得到 30 次最优解时的运行结果为：生产空间项目最短工期为 29 小时，生产空间项目平均工期为 30.79 小时，此时对于项目总承包商来说装配空间和生产空间的最佳调度方案为如表 7-5 所示。

表 7-5　生产空间最优下的调度方案

装配空间最佳调度方案	
执行顺序	8—12—14—5—11—13—3—6—10—2—1—15—4—9—7
执行模式	1—1—1—1—1—0—0—1—0—1—1—0—1—0—0
完成时间	3—8—10—13—16—20—22—22—25—25—27—29—30—39—39
生产空间最佳调度方案	
执行顺序	3—7—2—4—10—1—11—8—5—6—9—12—13
执行模式	0—1—0—1—0—0—0—1—0—0—1—0—0
完成时间	5—7—8—12—12—16—19—20—21—25—27—29—29

在表中 0 代表通常模式，1 代表压缩模式，执行顺序和完成时间排列顺序为任务自然数顺序。

② 为了验证本节所设计 CS 算法的高效性和有效性，将简单遗传算法（GA）应用于本算例进行测试对比，各算法计算算例的平均时间及运行最优结果如表 7-6 所示。

表 7-6　CS/GA 算法性能对比

方法	装配空间最短工期/天	生产空间最短工期/天	运行时间/天
CS	38	29	11.533
GA	39	29	28.825

根据运行结果，CS 算法最优工期求解结果比 GA 更加精确，算法运行时间与 GA 相比显著缩短，这说明本节所设计的 CS 算法性能优越，在求解多模式下装配式建筑资源受限项目调度具有高效性和准确性。

7.4　本章小结

本节通过对多模式下装配式建筑工程资源受限调度方法进行研究，在装配式建筑一体化调度下对装配空间和生产空间的最短工期进行优化并确定各活动的执行模式和完工日期，使整个装配式项目工期最短。通过装配式建筑虚拟时间窗概念模型的建立，把装配空间和生产空间更好地连接在一起，使问题的分析更加简化，再对装配式调度过程概念模型进行分析以及降维处理技术的应用，建立以装配空间工期最短，以及在装配空间工期最短限定下的生产空间工期最短的多模式资源约束模型，选取 CS 算法进行算法设计，求得装配空间和生产空间的最短工期以及项目各活动的执行模式和完工日期，通过装配式建筑项目实际案例分析和 GA 的性能对比，证明本节构建的调度模型和算法设计能有效地解决多模式下装配式建筑工程资源受限调度问题，丰富了装配式建筑项目调度这一领域的理论方法，对装配式建筑项目一体化调度的研究具有重要意义。

第8章

鲁棒性装配式资源受限项目调度方法

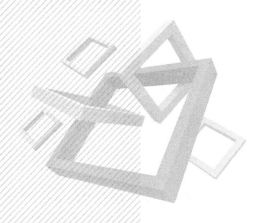

　　装配式建筑工程相比于传统建筑工程，其项目的调度更加复杂，进度管理难度更高。当前对于装配式建筑的进度管理仍然采用传统的进度网络技术，难以有效应对复杂、不确定性大的环境，时常造成工期延误的局面。因此，对于装配式建筑工程项目的进度网络计划的研究具有非常重要的意义。

　　鲁棒性项目调度作为一种不确定型项目调度理论，是目前项目调度领域的研究热点之一。在面对不确定因素导致的复杂多变环境时，鲁棒性调度可以帮助项目的完成具有更高的稳定性，抵抗不确定性因素的干扰，保证项目准时完成。Al-Fawzan 和 Haouari 首先在资源约束项目调度问题（RCPSP）中引入鲁棒性的概念，并将资源约束的自由时差和作为度量调度方案的鲁棒性的自由指标。Vonder 等将调度鲁棒性区分为质量鲁棒性（quality robustness）和解的鲁棒性（solution robustness）两类。Chtourou 和 Haouari 根据活动工期拖延的资源受限问题，提出两阶段算法，并通过相关指标实现调度计划的鲁棒性最大化。

　　装配式建筑生产调度较为复杂，且调度情况会直接影响其进度计划。一部分研究者考虑过将关键链技术（critical chain method，CCM）应用到装配式建筑工程中，考虑不同的因素对进度计划的影响，并进行优化分析，最终解决了传统的资源冲突问题，但未能有效控制进度。因此，Hoel 和 Taylor 根据不同的重要影响因子设定缓冲区大小。在装配式建筑工程中应用关键链技术还需要鲁棒性的度量。对于鲁棒性指标的确定，应结合装配式工程的特点进行确定。基于以上分析本书提出基于关键链技术构建装配式工程集中缓冲进度计划，基于二次调度计划装配式工程集中缓冲进度计划。建立鲁棒性指标进行评价与分析，以寻求更加适合装配式建筑工程的进度计划。

8.1　关键链方法中的二次资源冲突困境

8.1.1　二次资源冲突困境

关键链是指在满足资源约束和活动间逻辑关系下，项目工期最长的链路。在 CCM 中涉及的缓冲主要有 3 种，即：输入缓冲（feeding buffer，FB）、项目缓冲（project buffer，PB）以及资源缓冲（resource buffer，RB）。输入缓冲设置在非关键活动汇入关键链的位置，用以缓解自身链路工序拖延对关键链工序产生影响，导致项目工期拖延；项目缓冲设置在关键链末端，缓解因关键链工序拖延致使项目工期延误；资源缓冲放置在不同资源交替使用的地方，仅仅作为预警，不产生时间，故本研究不涉及。CCM 包括了两个阶段：第一阶段，根据活动间的资源和逻辑约束，得到出基准调度计划 S，并识别出关键链以及各条非关键链，确定每一个输入缓冲的位置，进一步计算出 PB 和 FB 的尺寸大小；第二阶段，插入每一个 FB 和 PB，得到插入两类缓冲后的二次调度计划 S′。然而，在第二阶段将各个 FB 插入到 S 时，往往会导致 S 中发生二次冲突即称为二次资源冲突。

实际上在 CCM 使用过程中，最棘手的就是解决二次资源的冲突。为解决此问题，首先需要明确插入 FB 后所引起的二次资源冲突的原因，以及冲突的类型。

一般在非关键活动汇入关键链之间插入 FB，在这一过程中，可能造成与 FB 紧密联系的关键活动、其他关键活动以及非关键活动之间发生冲突，它们之间存在的冲突类型主要有 3 种，即：仅发生优先关系的冲突、仅发生资源竞争冲突以及同时发生优先关系和资源竞争冲突。当发生优先关系冲突时，必须后移汇入关键链的非关键活动后面的紧后活动，而消除资源冲突则是消除冲突的难点。

网络计划中通常存在多条非关键链，每条非关键链的末端都需设置 FB，每一个 FB 插入基准调度计划 S 时刻不同。若将多个 FB 插入 S 将会导致比较复杂的冲突情景，为了便于了解冲突的本质，在此将发生冲突的情景分为了两个递阶层次进行介绍。

（1）单个 FB 引起的二次冲突

当插入单个 FB 引起二次冲突时，若插入的 FB 的尺寸大小大于与其紧密相关的非关键活动的自由时差，则此时发生冲突，冲突从该非关键活动完成时间加上本身的自由时差的时刻开始，一直持续到该非关键活动完成时间加上 FB 的大小后的时刻结束。为消除在此段区域发生的冲突，需要调整后续活动的进度安排。

（2）多个 FB 引起的二次冲突之间的影响

在基准调度计划 S 从左往右依次插入各个 FB 时，它们导致的二次冲突之间存在着相互影响。各个 FB 的尺寸和位置是基于最初的基准进度计划确定的，当其中一段 FB 引起的资源冲突得到解决时，则会导致当前插入点后续各个 FB 插入点的资源配置发生改变，需要对基准调度计划进行实时调整。

8.1.2　二次冲突发生条件

在基准调度计划 S 中插入 FB 时，如果 FB 的尺寸大小大于与其紧密相关联的紧前非关键活动的自由时差时，则发生资源冲突。插入 FB 引起的冲突不仅取决于缓冲的插入方式，还取决于对待 FB 的方式。FB 插入 S 将存在两种情形：①非关键活动和关键活动之间时间缝隙等于非关键活动的自由时差，当满足非关键活动的完成时间加上 FB 的大小大于紧后关键活动的开始时间时，需要左移非关键活动的位置，或右移关键活动的位置；②非关键活动和关键活动之间时间缝隙大于非关键活动的自由时差，当满足非关键活动的完成时间加上 FB 的大小小于紧后关键活动的开始时间时，不需要左移非关键活动的位置，或右移关键活动的位置。

8.2　问题假设及模型构建

8.2.1　问题假设

（1）物流空间满足生产及装配空间需求

装配式建筑的建设过程在生产、物流以及装配空间中进行。生产空间根据需求生产预制构件，并通过物流运输至装配现场，在装配现场进行预制构配件的装配。本研究假设物流运输满足建设需求，仅对构配件的生产及装配环节工序制定进度计划。

（2）工序逻辑关系的设定

本书将装配式建筑工程物流运输产生的时间计入构配件生产工序内，采用 *F-S* 关系。同时工序一旦开始进行，便不可停止，面对特殊情况，需拆分为若干工序进行。

（3）资源冲突问题

所有工序的资源用量不得超过资源限量，且资源冲突只发生在同一空间内，生产空间与装配空间不发生资源占用问题，但生产空间产品可作为资源提供给装配空间，并对工序间的先后逻辑关系严格控制。

8.2.2 鲁棒性装配式模型构建

基于以上假设建立资源约束下的装配式建筑工程进度计划模型，具体如下。

$$\min f_J$$
$$\text{S. T.} f_j - f_i \geqslant D(i) \quad (i,j) \in E$$
$$\sum_{i \in A(t)} r_{ik} \leqslant R_k \quad k = 1, 2, \cdots, K$$

(8-1)

式中　i——工序编号；

　　　j——工序编号，表示工序 j 为工序 i 的紧后活动；

　　　J——工序总数；

　$D(i)$——工序 i 的工期；

　　f_i——工序 i 的完成时间；

　　f_J——项目工期；

　　　k——资源序号，总数为 K；

　　　E——所有符合 *F-S* 逻辑关系的工序集合；

　$A(t)$——t 时刻正在进行的工序集合；

　　r_{ik}——工序 i 对资源 k 的需求量；

　　R_k——资源 k 的总量。

约束条件表明同一空间不同工序完成时间差要大于等于待完成工序

工期，且所有工序对某一资源需求总量小于资源限量。

8.3 装配式建筑工程进度计划构建

8.3.1 集中缓冲进度计划建立

缓冲尺寸的确定方法有多种，而在本书中，对于缓冲尺寸的确定方法，采用剪切粘贴法，估计出每个活动所需要的时间，并剪去其中的安全时间再相加，如果是属于关键链上的活动，则取其剪下来的安全时间和值的 30% 作为项目缓冲区尺寸的大小，如果是属于非关键链上的活动，则取其和值的一半作为输入缓冲区尺寸的大小，如下所示：

$$PB = 30\% \sum_{i=1}^{n} \Delta D_i \qquad (8\text{-}2)$$

$$FB = 50\% \sum_{i=1}^{n} \Delta D_i \qquad (8\text{-}3)$$

式中　　FB——输入缓冲大小，天；

　　　　PB——项目缓冲的大小，天；

　　　　n——设置的缓冲相对应链路上的工序数量，个；

　　　　ΔD_i——被剪切下来的时间，即安全时间，天。

8.3.2 基于二次调度的集中缓冲进度计划建立

CCM 包括两个阶段：第一个阶段是确定基准调度计划 S_1，识别出关键链和非关键链，并确定输入缓冲 FB 的位置，以及 PB 和 FB 的尺寸大小；第二个阶段，插入 FB 和 PB 后，获得加入缓冲后的二次调度计划 S_2。然而在加入缓冲之后，往往会导致调度计划中出现资源冲突，在集中缓冲调度计划中并没有考虑到这种冲突，因此，这里考虑这种二次资源冲突，并提出一种启发式的解决策略。

① 以开始时间为起点，根据时刻点发生的先后顺序依次插入 FB；

若工序间发生冲突，仅处理当前 FB 插入点至后续 FB 插入点之间的冲突。

② 若插入 FB 时，发生冲突的活动涉及后续关键活动和非关键活动，此时需保证关键活动按计划进行，使得关键活动开始时间不变，而向后移动非关键活动，同时在非关键活动相联系的 FB 中减去后移量。

③ 若插入 FB 时，仅关键活动涉及资源冲突的发生，此时需将关键活动的开始时间后移。当关键活动后移时，此时需将 PB 减去关键活动的后移时间量。在 PB 完全消耗之后，关键活动继续后移，此时导致项目工期的延长。同时，后移任何活动又可能引起其后的活动发生资源冲突处理的策略同②和③中的情形。

8.3.3　鲁棒性评价

通过以上分析可以知道基于二次调度的集中缓冲进度计划相对于集中缓冲进度计划更好地考虑了插入 FB 后对活动所产生的二次冲突的影响，对于进度计划的安排考虑更全面，基于二次冲突集中缓冲进度计划中缓冲的利用程度更高，可以更好地发挥缓冲的作用，有效地进行利用，因此在集中缓冲的基础上考虑二次冲突的影响对于装配式工程的建设具有重要的意义。

通过以上分析可知集中缓冲调度计划由于不考虑插入所带来的资源冲突，因此集中缓冲进度计划和基准调度计划 S_1 基本一致，而基于二次调度的集中缓冲进度计划采用了启发式的协调策略之后，其二次调度计划与基准调度计划的偏离尽可能小。对于两种调度计划的区别，即是否考虑缓冲所带来的资源冲突，一个重要的体现是对于缓冲的利用程度，因此基于这一点，提出鲁棒性指标对两种进度计划进行评价分析，如下所示：

$$R = \frac{\sum\limits_{m=1}^{M} FB_{ij}^m - \sum\limits_{m=1}^{M} FB_{ij}^{m'}}{f'_J} + \frac{(f'_J - f_J)}{\sum\limits_{j \in CC} d_j} \quad (f'_J - f_J) \leqslant PB \quad (8\text{-}4)$$

式中　R——进度计划所对应的鲁棒性指标；

　　　M——非关键链对应的输入缓冲总数，个；

　　　m——非关键链对应的输入缓冲编号；

　　　j——关键链上的工序编号；

　　　f_J——基准调度计划的项目工期，天；

　　　f_J'——二次调度后的项目工期，天；

　　FB_{ij}^m——未进行二次调度的输入缓冲的大小，天；

　　$\mathrm{FB}_{ij}^{m'}$——进行二次调度以后输入缓冲的大小，天；

　　　CC——关键链；

　　　d_j——关键链上工序 j 的工期。

若使项目缓冲 PB 发挥作用，基准调度计划与二次调度计划的工期差异应不大于项目缓冲 PB。

8.4　案例分析

选取某一装配式建筑项目进行实证分析，该项目主要构配件有 4 种，一共 10 个工序，图 8-1 中的工序 11 表示项目完工。在该项目中主要用到了两种资源，分别为 R_1、R_2，对应的资源限量为 1、2，其对应的网络计划如图 8-1 所示。

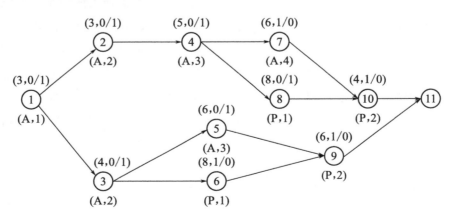

图 8-1　项目网络计划

图 8-1 中，节点内的数字表示节点编号，上方括号内第一个数字表示活动工期，第二个数字表示活动消耗资源；下方括号内第一个部分表示活动空间，A 表示生产空间，P 表示装配空间，第二个数字表示构配件编号。

（1）确定基准调度计划

在确定基准调度计划之前，对相关符合做出以下定义：

b_i 表示工序 i；

F_i 表示已完成活动集合；

U_i 表示已经安排的活动集合；

E_i 表示符合开始条件的活动集合；

S_i 表示等待安排的活动集合；

C_i 表示可以开始活动工序组成的方案集合；

B_i 表示 C_i 中满足资源约束条件的方案集合。

本书采用分支定界法求解基准调度计划，主要分为三个阶段，即：分支过程、定界过程、剪枝过程。在本书中将定界过程和剪枝过程合并为一步，定义为优选过程，步骤如下。

1）分支过程

首先确定活动的集合状态 F_i、U_i、S_i，然后通过条件筛选，就可以选出符合开始条件的集合 E_i，在确定完 E_i 后，可以根据 E_i 确定出所有可能的方案集合 C_i，紧接着通过加入资源限制来确定出满足条件的方案集合 B_i，然后对 B_i 中的每一个元素构建一个节点，依次对每一个分支都进行搜索，进而构建搜索树。

2）优选过程

优选过程包括定界过程和剪枝过程。对于某时刻一个新的方案计划 i 和一个已完成的方案计划 m，如果满足：

① $F_i \subseteq F_m$；

② 在新的可行方案中，正在进行的工序包含于已经有的方案计划中已经完成的工序集合中，或者包含于已经有的部分方案计划中正在进行的工序集合中，而且其在已经有的方案计划优于新计划方案的完成时间。

3）结论

如果新的可行方案中的方案计划不会优于已有的方案计划，将删除新的可行方案，即：不再对该节点进行搜索；反之，将会产生新的方案分支。

根据以上步骤，直至搜索结束，最后得到最优搜索路线为1—（2，3）—（4，5，6）—（8，9）—7—10—11，工期为 31 天，基准进度计划如图 8-2所示。

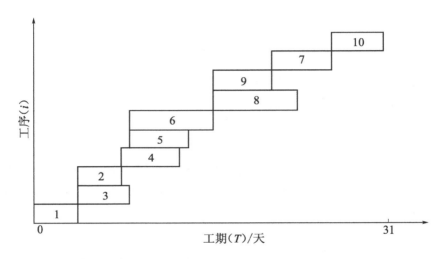

图 8-2　基准进度计划

其次，在确定了基准进度计划以后，进一步进行关键链和非关键链的确定，在保证工期不拖延的前提下，从后向前依次移动可以移动的每一个工序，直至所有的工序都不能进行移动，生成新的进度计划。将新的进度计划和基准进度计划进行比较，其中没有发生移动的工序为关键活动，确定本项目的关键链为：1—3—6—9—7—10，非关键链为：5、2—4、8，后移进度计划如图 8-3 所示。

（2）集中缓冲进度计划

在确定的基准进度计划的基础上，通过式(8-2)、式(8-3) 进行项目缓冲 PB 和输入缓冲 FB 的计算，计算可得 PB 取 10 天，FB1 取3 天、FB2 取 4 天、FB3 取 4 天，生成的集中缓冲进度计划如图 8-4所示。

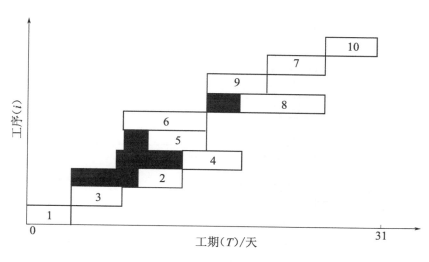

图 8-3　后移进度计划

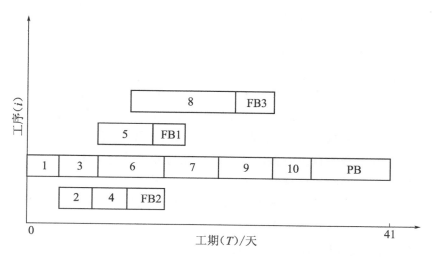

图 8-4　集中缓冲进度计划

（3）基于二次调度的集中缓冲进度计划

在集中缓冲进度计划的基础上考虑二次冲突，由于基准调度计划存在多条非关键链，每条非关键链汇入关键链时需要插入输入缓冲，故在本书中需要插入多个输入缓冲，因此此时需要考虑多个 FB 引起的多次二次冲突，其中包括输入缓冲与紧后非关键工序、输入缓冲与紧后关键工序的二次冲突。插入多个 FB 引起二次冲突如图 8-5 所示。

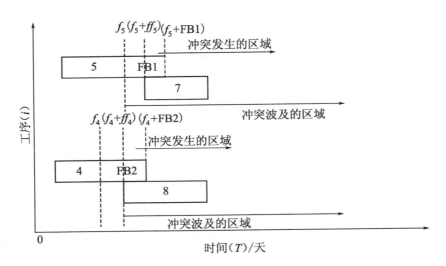

图 8-5　插入多个 FB 引起二次冲突

图 8-5 中 f_i 表示活动 i 的完成时间，ff_i 表示活动 i 本身拥有的自由时差。根据图 8-5 可知，插入缓冲 FB2 后，其尺寸大于非关键链所具有的自由时差，因此与后续非关键工序 8 产生冲突，此时发生冲突的区域为 $(f_4 + ff_4, \ f_4 + \text{FB2})$，此时二次冲突将会影响 FB2 的紧后非关键工序 8 及其紧后工序；同理，插入输入缓冲 FB1 后，FB1 的尺寸大小超过了其自身的自由时差的大小，因此与紧后关键工序 7 发生二次冲突，此时发生冲突的区域为 $(f_5 + ff_5, \ f_5 + \text{FB1})$。

针对以上二次冲突，运用前面介绍的启发式协调策略解决二次冲突带来的影响，具体步骤如下。

① 根据缓冲插入时刻点的大小，从小到大依次插入 FB，判断插入缓冲的情形符合以下哪一种。

情形一：若插入缓冲尺寸小于非关键工序的自由时差的大小即：$\text{FB}_i \leqslant ff_i$，此时不会发生二次冲突，直接转入下一步。

情形二：判断 t 时刻发生冲突的时段 $(f_i + ff_i, \ f_i + \text{FB})$ 内所进行的活动是否满足资源限制，即 $\sum\limits_{i \in A(t)} r_{ik} \leqslant R_k, k = 1, 2, \cdots, K$。符号意义同前。

若满足，则插入 FB 不会引起二次资源冲突，直接进入下一步。

情形三：当引起二次冲突时，调整当前缓冲插入处至下一个缓冲插入处之间的活动来消除冲突。具体的调整措施为：首先，保证关键活动的开始时间不变，通过后移非关键工序来消除二次冲突，后移量为（FB−ff_i），若存在与后移非关键工序紧密关联的 FB，其尺寸应该被减少（FB−ff_i）；若需要后移关键工序来消除二次冲突，此时需将冲突发生时刻点之后的所有活动整体后移来消除冲突。由于 PB 主要用于吸收关键活动的拖延，因此 PB 消耗量为（FB−ff_i），当多次关键活动后移导致 PB 被全部消耗，后续再有关键活动后移则说明项目工期增加。

根据分析判断缓冲 FB1、FB2 满足情形三。插入 FB2 后，需要将工序 8 及其后续工序整体后移，为避免后移后的工序 8 对工期产生影响，此时 FB3 全部消耗；插入 FB1 后，需要将关键工序 7 及其后续工序整体后移一个单位，由于此时关键工序后移，故需要消耗项目缓冲，消耗的大小为 1 个单位。因为 FB3 满足情形一，故直接转入下一步。

② 插入 FB 后，更新 FB 以及其后续工序的开始时间、完成时间、后续 FB 的尺寸大小以及 PB 的尺寸大小和项目的工期。本书中 FB3 消耗后为 0 天，PB 消耗后为 9 天。

③ 判断所有的 FB 是否都已经考虑，若没有则返回第一步；反之，则进入下一步，本书中的所有 FB 都已经考虑，故进入下一步。

④ 输出插入 FB 后考虑了二次冲突的基于二次调度的集中缓冲进度计划，如图 8-6 所示。

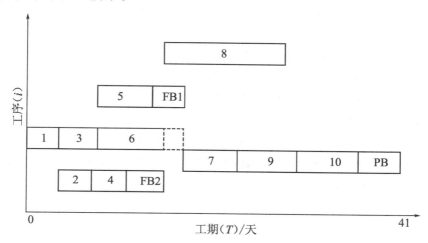

图 8-6　基于二次调度的集中缓冲进度计划

（4） 鲁棒性分析

基于以上比较分析以及装配式建筑工程具有多维空间并行建设的特点，可以得出：在装配式建筑项目中的现场装配阶段，采用基于二次冲突的集中缓冲进度计划，一方面可以避免由于未考虑二次冲突所造成的现场活工序之间的冲突，减少不必要的损失以及对项目工期造成影响；另一方面，由于集中缓冲进度计划并未考虑插入缓冲后引起的二次冲突以及非关键活动没有对项目的工期造成影响，因此通过式（8-4）所得出的数值为 0；而基于二次冲突的集中缓冲在考虑了缓冲与缓冲之间以及缓冲与后续活动之间的影响，最后得出 R 为 0.12，因此在装配式建筑工程的构件生产以及现场的装配过程中，可以更充分地利用缓冲，最大限度地发挥缓冲的作用，提高缓冲的利用率，以应对各类风险因素，保证工程项目正常完成。

8.5　本章小结

本章根据装配式建筑工程的特点，通过分析装配式建筑工程进度管理中的困难，提出将关键链技术应用到装配式建筑工程中。首先，本章利用分支定界法确定基准调度计划，并画出基准进度计划。其次，在基准进度计划的基础上，先介绍缓冲的计算方法即剪切粘贴法，然后利用该方法计算出输入缓冲和项目缓冲的尺寸大小，在计算出两类缓冲尺寸的基础上，基于关键链技术分别构建集中缓冲进度计划以及基于二次调度的集中缓冲进度计划，根据两种进度计划的特点，提出鲁棒性指标对于两种进度计划的鲁棒性进行评价分析。最后，通过某一装配式建筑工程实例，对以上内容进行实证分析，最终的结果表明：基于二次调度计划的装配式集中缓冲进度计划在保证装配式建筑工程的实施过程中效果更佳、稳定性更好。

参考文献

[1] 曹江红，纪凡荣，解本政，等．基于 BIM 的装配式建筑质量管理［J］．土木工程与管理学报，2017，34（03）：108-113.

[2] 武亚帅，常嘉，戴坚强．装配式建筑成本影响因素研究［J］．山西建筑，2019，45（15）：152-154.

[3] 吴昊．不确定环境下的装配式住宅项目调度研究［D］．西安：西安建筑科技大学，2016.

[4] 梁桂保，张友志．浅谈我国装配式住宅的发展进程［J］．重庆理工大学学报（自然科学版），2006，20（9）：50-52.

[5] 康晓辉，孙金颖，金占勇，等．装配式建筑发展效率影响因素分析［J］．建筑经济，2019，40（03）：19-22.

[6] 李儒光，肖洪吉，卢雪松，等．装配式建筑发展及提升策略［J］．黄冈师范学院学报，2020，40（06）：56-61.

[7] 王旭．基于改进海豚群算法的装配式建筑资源调度研究［D］．邯郸：河北工程大学，2019.

[8] 刘康宁，张守健，苏义坤．装配式建筑管理领域研究综述［J］．土木工程与管理学报，2018，35（06）：163-170＋177.

[9] 熊燕华，沈厚才，周晶，等．工程项目调度技术研究综述［J］．数学的实践与认识，2013，43（21）：1-14.

[10] 梁栋．资源约束条件下基于模糊理论的项目鲁棒性调度研究［D］．郑州：华北水利水电大学，2018.

[11] 陶澍．装配式建筑的应用和发展［J］．建材与装饰，2018，（41）：171-172.

[12] 马昕煦，廖显东，朱海，等．建筑工业化建造模式与技术探讨［J］．城市住宅，2018，25（01）：12-17.

[13] 刘若南，张健，王羽，等．中国装配式建筑发展背景及现状［J］．住宅与房地产，2019（32）：32-47.

[14] 陶莎，盛昭瀚．带有多重空间干涉约束的工程调度优化［J］．系统管理学报，2018，27（1）：64-71.

[15] 卢求．德国装配式建筑发展研究［J］．住宅产业，2016（06）：26-35.

[16] 邓文敏．日本装配式建筑的发展经验［J］．住宅与房地产，2019（02）：

110-117.

[17] Goh M，Yang M G. Lean production theory-based simulation of modular construction processes [J]. Automation in Construction，2019，101，227-244.

[18] Navaratnam S，Ngo T，Gunawardena T，et al. Performance review of prefabricated building systems and future research in Australia [J]. Buildings，2019，9 (2)，38.

[19] Jonsson H，Rudberg M. Classification of production systems for industrialized building：a production strategy perspective [J]. Construction Management and Economics，2014，32 (1-2)：53-69.

[20] Abdallah A. Managerial and economic optimizations for prefabricated building systems [J]. Technological and Economic Development of Economy，2007，13 (1)：83-91.

[21] Chan W T，Zeng Z. Coordinated production scheduling of prefabricated building components [C]. Construction Research Congress，2003.

[22] Fard M M，Terouhid S A，Kibert C J，et al. Safety concerns related to modular/prefabricated building construction [J]. International Journal for Consumer & Product Safety. 2017，24 (1)：10-23.

[23] Barriga E M，Jeong J G，Hastak M，et al. Material control system for the manufactured housing industry [J]. Journal of Management in Engineering，2005，21 (2)：91-98.

[24] Khalili A，Chua D K. Integrated prefabrication configuration and component grouping for resource optimization of precast production [J]. Journal of Construction Engineering and Management，2014，14 (2)：04013052.

[25] Li Z，Shen G，Xue X Q. Critical review of the research on the management of prefabricated construction [J]. Habitat International，2014，43：240-249.

[26] Wong R，Hao J，Ho C. Prefabricated building construction systems adopted in Hong Kong [C] . In Proceedings of the World Congress on Housing Process & Product，Montreal，Canada，June 2003，International Association for Housing Science and Concordia University.

[27] Jaillon L，Poon C S. The evolution of prefabricated residential building systems in Hong Kong：a review of the public and the private sector [J]. Automation in Construction. 2009，18 (3)：239-248.

[28] Li C Z，Shen G Q，Xu X，et al. Schedule risk modeling in prefabrication housing production [J]. Journal of Cleaner Production，2017，153 (1)：692-706.

[29] 李丽红，肖祖海，付欣，等．装配整体式建筑土建工程成本分析 [J]. 建筑经

济，2014，35（11）：63-67.

[30] 陈伟，容思思．装配式住宅项目多空间鲁棒性调度研究 [J]．建筑经济，2017，38（1）：69-73.

[31] 赵平，吴昊．基于差分进化混合粒子群算法求解装配式住宅项目进度优化问题 [J]．计算机工程与科学，2016，38（7）：1495-1501.

[32] 赵平，吴昊，李萍萍，等．基于差分粒子群算法的装配式住宅项目进度优化研究 [J]．西安建筑科技大学学报（自然科学版），2016，48（2）：178-182.

[33] 李萍萍．装配式 PC 构件配送成本优化研究 [D]．西安：西安建筑科技大学，2016.

[34] 边学迪．业主方多项目管理模式研究 [D]．北京：北京交通大学，2009.

[35] 董进全，杨丽，郑治华．资源均衡问题的峰值最小化模型 [J]．系统工程理论与实践，2017，37（2）：496-503.

[36] 曹吉鸣，徐伟．网络计划技术与施工组织设计 [M]．上海：同济大学出版社，2006.

[37] Herroelen W，Demeulemeester E，Reyck B D. A classification scheme for project scheduling problems [M]. Boston Kluwer Academic Pub，1997.

[38] Dumond J，Mabert V A. Evaluating project scheduling and due date assignment procedures：An experimental analysis [J]. Management Science，1988，34（1）：101-118.

[39] 黎青松，朱小艳．基于最小完工期的离散型作业车间调度问题的遗传算法设计 [J]．机械设计与制造，2007（03）：75-77.

[40] 马国丰，顾凌赟，艾琪．项目多资源均衡——投资成本最小的混合整数线性规划 [J]．系统管理学报，2015，24（06）：842-846.

[41] Easa，Said M. Resource leveling in construction by optimization [J]. Journal of Construction Engineering and Management，2000，115（02）：302-316.

[42] 庞南生，孟俊姣．多目标资源受限项目鲁棒调度研究 [J]．运筹与管理，2012，21（03）：27-32.

[43] Demeulemeester E L. Project scheduling [M]. Boston Kluwer Academic Publishers，2002：368-378.

[44] Elmaghraby S E. Activity nets：a guided tour through some resent developments [J]. European Journal of Operational Research，1995，82：383-408.

[45] Damic A，Polat G. Impacts of different objective functions on resource leveling in construction projects：a case study [J]. Journal of Civil Engineering and Management，2014，20（4）：537-547.

[46] Kreter S，Rieck J，Zimmermann J. The total adjustment cost problem：applica-

tions, models, and solution algorithms [J]. Journal of Scheduling, 2014, 17 (2): 145-160.

[47] 何立华，张连营. 基于资源波动成本的工程项目资源均衡优化 [J]. 管理工程学报，2015，29 (2): 167-174.

[48] 杨志勇，欧阳红祥，田文水，等. 考虑资源闲置成本的网络计划资源调度优化模型 [J]. 河海大学学报（自然科学版），2006，34 (4): 465-468.

[49] 倪霖，周林，景熠. 考虑资源闲置成本的多项目调度问题研究 [J]. 计算机应用研究，2013，30 (1): 60-63.

[50] Icmeli-Tukel O, Rom W O. Ensuring quality in resource constrained project scheduling [J]. European Journal of Operation Research, 1997, 103 (3): 483-496.

[51] Icmeli-Tukel O, Rom W O. Analysis of the characteristics of projects in diverse industries [J]. Journal of Operations Management, 1998, 16 (1): 43-61.

[52] Ponztienda J L, Yepes V, Pellicer E, et al. The resource leveling problem with multiple resources using an adaptive genetic algorithm [J]. Automation in Construction, 2013, 29 (1): 161-172.

[53] 乞建勋，王强，贾海红. 基于熵权和粒子群的资源均衡新方法研究 [J]. 中国管理科学，2008，16 (1): 90-95.

[54] 董进全，杨丽，郑治华. 资源均衡问题的峰值最小化模型 [J]. 系统工程理论与实践，2017，37 (2): 496-503.

[55] 张静文，周杉，乔传卓. 基于时差效用的双目标资源约束型鲁棒性项目调度优化 [J]. 系统管理学报，2018，27 (2): 299-308.

[56] Long L D, Ohsato A. Fuzzy critical chain method for project scheduling under resource constraints and uncertainty [J]. International Journal of Project Management, 2008, 26 (6): 688-698.

[57] 张连营，严飞，杨瑞. 工程项目工期—成本—安全水平均衡优化研究 [J]. 计算机应用研究，2013，30 (1): 78-81.

[58] 安建民. 大型建筑施工企业多项目管理研究 [D]. 武汉：武汉理工大学，2012.

[59] 寿涌毅，王伟. 基于鲁棒优化模型的项目调度策略遗传算法 [J]. 管理工程学报，2009，23 (4): 148-152.

[60] Haouari M, Hidri L, Gharbi A. Optimal scheduling of a two-stage hybrid flow shoo [J]. Mathematical Methods of Operations Research, 2006, 64 (1): 107-124.

[61] 谢杏子，王秀利. 单机订单接受与加工调度问题的拉格朗日松弛算法 [J]. 系统管理学报，2020，29 (05): 874-881.

［62］ Wang X, Huang G, Hu X, et al. Order acceptance and scheduling on two ident-ical parallel machines [J]. Journal of the Operational Research Society, 2015, 66 (10): 1755-1767.

［63］ Sonmez A I, Baykasoglu A. A new dynamic programming formulation of $(n \times m)$ flowshop sequencing problems with due dates [J]. International Journal of Produc-tion Research, 1998, 36 (8): 2269-2283.

［64］ Bautista J, Pereira J. A dynamic programming-based heuristic for the assembly line balancing problem [J]. European Journal of Operational Research, 2009, 194 (3): 787-794.

［65］ Hwang F J, Lin B M T. Two-stage assembly-type flow-shop batch scheduling problem subject to a fixed job sequence [J]. Journal of the Operational Research Society, 2012, 63 (6): 839-845.

［66］ Xia W J, Wu Z M. An effective hybrid optimization approach for multi-objective flexible job-shop scheduling problems [J]. Computers& Industrial Engineering, 2005, 48 (2): 409-425.

［67］ Garcia-Sabater J P. A two-stage sequential planning scheme for integrated opera-tions planning and scheduling system using MILP: the case of an engine assembler [J]. Flexible Services & Manufacturing Journal, 2012, 24 (2): 171-209.

［68］ Luo C P, Pong G. Hierarchical approach for short-term scheduling in refineries [J]. Industrial & Engineering Chemistry Research, 2007, 46 (11): 3656-3668.

［69］ 王艳红, 尹朝万, 张宇. 基于多代理和规则调度的敏捷调度系统研究 [J]. 计算机集成制造系统-CIMS, 2000 (04): 45-49.

［70］ 乔冬平, 杨建军. 基于多代理的分布式规则调度研究 [J]. 机械科学与技术, 2007 (02): 160-166.

［71］ 钱晓龙, 唐立新, 刘文新. 动态调度的研究方法综述 [J]. 控制与决策. 2001 (02): 141-145.

［72］ 安丽娜, 张士杰. 专家系统研究现状及展望 [J]. 计算机应用研究, 2007 (12): 1-5+19.

［73］ Hopfield J J, Tank D W. " Neural" computation of decisions in optimization prob-lems [J]. Biological cybernetics, 1985, 52 (3): 141-152.

［74］ Tank D, Hopfield J J. Simple neural optimization networks: an A/D converter, signal decision circuit, and a linear programming circuit [J]. IEEE transactions on circuits and systems, 1986, 33 (5): 533-541.

［75］ Fnaiech N, Hammami H, Yahyaoui A, et al. New hopfield neural network for joint job shop scheduling of production and maintenance [C] // Conference of the

IEEE Industrial Electronics Society. IEEE, 2012: 153-159.

[76] 谈宏志，金礼伟，杨家荣，等. 基于 BP 人工神经网络的离散型车间生产调度指标预测模型的研究 [J]. 科技视界, 2016 (03): 16-18.

[77] Goldberg, D E. Genetic algorithms in search, optimization, and machine learning [M]. MA: Addison-Wesley Publishing Company, 1989.

[78] 王秀利，吴惕华. 一种求解两机成组作业流水车间优化调度问题的遗传算法 [J]. 系统仿真学报, 2001, 13: 88-90.

[79] Ying K C, Lee Z J, Lu C C, et al. Metaheuristics for scheduling a no-wait flow-shop manufacturing cell with sequence-dependent family setups [J]. The International Journal of Advanced Manufacturing Technology, 2012, 58 (5-8): 671-682.

[80] Qin H, Zhang Z, Bai D. Permutation flow-shop group scheduling with position-based learning effect [J]. Computers & Industrial Engineering, 2016, 92 (2): 1-15.

[81] Bouleimen K, Lecocq H. A new efficient simulated annealing algorithm for the resource constrained project scheduling problem and its multiple mode version [J]. European Journal of Operational Research, 2003, 149 (2): 268-281.

[82] Pan N H, Hsaio P W, Chen K Y. A study of project scheduling optimization using tabu search algorithm [J]. Engineering Applications of Artificial Intelligence, 2008, 21 (7): 1101-1112.

[83] Salmasi N, Logendran R, Skandari M R. Total flow time minimization in a flow-shop sequence-dependent group scheduling problem [J]. Computers & Operations Research, 2010, 37 (1): 199-212.

[84] Solimanpur M, Elmi A. A tabu search approach for group scheduling in buffer-constrained flow-shop cells [J]. International Journal of Computer Integrated Manufacturing, 2011, 24 (3): 257-268.

[85] Jeong K C, Kim Y D. A real-time scheduling mechanism for a flexible manufacturing system: using simulation and dispatching rules [J]. International Journal of Production Research, 1998, 36 (9): 2609-2626.

[86] Hsieh B W, Chang S C, Chen C H. Dynamic scheduling rule selection for semiconductor wafer fabrication [C]. IEEE International Conference on Robotics and Automation. Seoul, Korea, 2001: 535-540.

[87] 王玉，刘昶. ExtendSim 仿真在半导体生产线动态调度研究中的应用 [J]. 机械设计与制造, 2014 (1): 265-268.

[88] 朱传军，邱文，张超勇，等. 多目标柔性作业车间稳健性动态调度研究 [J]. 中

国机械工程，2017，28（02）：173-182.

[89] 陈晓慧，张启忠，易树平，等．基于遗传算法的可重入钢管生产优化调度［J］. 北京科技大学学报，2009，31（08）：1067-1071.

[90] 陈晓慧，张启忠．可重入式生产车间调度的计算机仿真与优化研究［J］. 计算机科学，2009，36（09）：297-299.

[91] 陈伟，秦海玲，董明德．多维作业空间下的装配式建筑工程资源调度［J］. 土木工程学报，2017，50（3）：116-122.

[92] 严蔚敏，吴伟民．数据结构［M］. 北京：清华大学出版社，1992.

[93] 王晓瑛，魏正军．关于拓扑排序算法的讨论［J］. 西北大学学报（自然科学版），2002（04）：344-346.

[94] Kelley J E. Critical-Path Planning and Scheduling，Mathematical Basis［J］. Operations Research，1961，9（3）：296-320.

[95] 赖昌涛．抢占式资源受限项目调度问题的多 Agent 优化方法［D］. 杭州：浙江大学，2012.

[96] 单汨源，邓莎，吴娟，张竟．一种求解项目调度中资源均衡问题的粒子群算法［J］. 科学技术与工程，2007，（22）：5805-5809.

[97] 王伟．任务工期不确定的资源受限项目调度优化［D］. 杭州：浙江大学，2010.

[98] Demeulemeester E，Herroelen W. Introduction to the special issue：project scheduling under uncertainty［J］. J of Scheduling，2007，10（3）：151-152.

[99] Ballestin F，Blanco R. Theoretical and practical fundamentals for multi-objective optimization in resource-constrained project scheduling problems［J］. Computers & Operations Research，2011，38（1）：51-62.

[100] 徐汉川，徐晓飞．考虑资源置信度的跨企业项目鲁棒性调度算法［J］. 自动化学报，2012，38（12）：1-10.

[101] 卢睿．不确定环境下项目调度方法的研究与实现［D］. 沈阳：东北大学，2009：111-112.

[102] 张静文．鲁棒性项目调度模型与方法研究［M］. 北京：机械工业出版社，2017：53-58.

[103] Herroelen W，Leus R. Robust and reactive project scheduling：a review and classification of procedures［J］. International Journal of Production Research，2004，42（8）：1599-1620.

[104] Herroelen W，Leus R. Project scheduling under uncertainty：survey and research potentials［J］. European Journal of Operational Research，2005，165（2）：289-306.

[105] Demeulemeester E，Herroelen W. Robust Project Scheduling［J］. Foundations

and Trends in Technology，Information and OM，2009，3（3-4）：201-376.

[106] 王勇胜，梁昌勇．资源约束项目调度鲁棒性研究的现状与展望［J］．中国科技论坛，2009，8：95-99.

[107] 白立晨．基于风险传递理论的项目鲁棒调度研究［D］．北京：华北电力大学，2019.

[108] 刘蕾．资源受限工期不确定下项目多目标鲁棒调度研究［D］．北京：华北电力大学，2019.

[109] 宿慧芳．资源受限项目鲁棒调度模型与算法研究［D］．北京：华北电力大学，2019.

[110] 张静文，乔传卓，刘耕涛．基于鲁棒性的关键链二次资源冲突消除策略［J］．管理科学学报，2017，20（03）：106-119.

[111] 陈伟，余杨清，周曼，等．装配式建筑进度计划缓冲及鲁棒性研究［J］．建筑经济，2018，39（02）：33-39.

[112] Abey S T，Anand K B. Embodied energy comparison of prefabricated and conventional building construction［J］. Journal of The Institution of Engineers（India），2019，100（4）：777-790.

[113] Anvari B，Angeloudis P，Ochieng W Y. A multi-objective GA-based optimisation for holistic manufacturing，transportation and assembly of precast construction［J］. Automation in Construction，2016，71：226-241.

[114] 李洪波，熊励，刘寅斌．项目资源均衡研究综述［J］．控制与决策，2015，30（5）：769-779.

[115] Bock D B，Patterson J H. A comparison of due date setting，resource assignment，and job preemption heuristics for the multiproject scheduling problem［J］. Decision Sciences，1990，21（2）：387-402.

[116] Yang K K，Sum C C. A comparison of resource allocation and activity scheduling rules in a dynamic multi-project environment［J］. Journal of Operations Management，1993，11（2）：207-218.

[117] 梁昌勇，张瀚允，丁勇，等．基于 BS-GA 的资源约束多项目调度问题研究［J］．计算机工程与设计，2011，32（12）：4178-4181＋4185.

[118] 邵利洁．考虑学习效应的重复性项目总工期优化方法研究［D］．保定：华北电力大学，2015.

[119] Everett J G，Farghal S. Learning curve predictors for construction field operations［J］. Journal of Construction Engineering and Management，1994，120（3）：603-616.

[120] Wong P S，Cheung S，Hardcastle C. Embodying learning effect in performance

prediction［J］. Journal of Construction Engineering and Management，2007，
133（6）：474-482.

［121］ Anzanello M J，Fogliatto F S. Learning curve models and applications：literature
review and research directions ［J］. International Journal of Industrial
Ergonomics，2011，41（5）：573-583.

［122］ Biskup D. Single-machine scheduling with learning considerations ［J］. European
Journal of Operational Research，1999，115（1）：173-178.

［123］ Arditi D，Tokdemir O B，Suh K. Effect of learning on line-of-balance scheduling
［J］. International Journal of Project Management，2001，19（5）：265-277.

［124］ Couto J P，Teixeira J C. Using linear model for learning curve effect on high rise
floor construction ［J］. Construction Management and Economics，2005，23
（4）：355-364.

［125］ 周博. 工程施工中的学习效应及应用［D］. 西安：西安建筑科技大学，2016.

［126］ 侯丰龙，叶春明，耿秀丽. 基于多目标萤火虫膜算法的学习效应生产调度问题
［J］. 系统管理学报，2018，27（04）：704-711.

［127］ 蒋红妍，王鑫业，彭颖. 建筑施工中的两阶段学习曲线模型［J］. 土木工程与
管理学报，2018，35（06）：43-49.

［128］ 龙春晓. 基于学习曲线的装配式建筑构件生产人力配置优化研究［D］. 重庆：
重庆大学，2017.

［129］ 连静. 装配式施工项目调度多目标优化研究［D］. 西安：西安建筑科技大
学，2020.

［130］ Hazir Ö，Schmidt K W. An integrated scheduling and control model for multi-
mode projects ［J］. Flexible Services and Manufacturing Journal，2013，25（1-
2）：230-254.

［131］ Deblaere F，Demeulemeester F，Herroelen W. Reactive scheduling in the multi-
mode RCPSP ［J］. Computers and Operations Research，2010，38（1）：63-74.

［132］ 谢芳，徐哲，于静. 柔性资源约束下的项目调度问题双目标优化［J］. 系统工
程理论与实践，2016，36（03）：674-683.

［133］ 江雪. 基于构件供应方的装配式建筑多项目生产调度研究［D］. 武汉：武汉理
工大学，2019.

［134］ Yang X S，Deb S. Cuckoo search via Lévy flights ［C］. World Congress on Na-
ture & Biologically Inspired Computing. IEEE，2009：210-214.

［135］ Al-Fawzan M A，Haouari M. A bi-objective model for robust resource-constrained
project scheduling ［J］. International Journal of Production Economics，2005，96
（2）：175-187.

［136］ Vonder S V，Demeulemeester E，Herroelen W，et al. The use of buffers in project management：the trade-off between stability and make span［J］. International Journal of Production Economics，2005，97（2）：227-240.

［137］ Chtourou H，Haouari M. A two-stage-priority-rule-based algorithm for robust resource-constrained project scheduling［J］. Computers & Industrial Engineering，2007，55（1）：183-194.

［138］ Hoel K，Taylor S G. Quantifying buffers for project schedules［J］. Production and Inventory Management Journal，1999（2）：43-47.